用科学方法了解糕点的为什么

实践篇

（日）津田阳子　著
王春梅　译

辽宁科学技术出版社
·沈阳·

目录

口感
酥松的挞

第二章　食谱的组合与思考　33

★本书使用的计量单位，1大匙=15mL、1小匙=5mL

★黄油、发酵黄油都是使用无盐黄油（不添加盐），书中使用的鸡蛋约65g/个

★烤箱以指定温度预热备用。书中标注的温度和烘烤时间仅供参考，烤箱因种类不同会有所差别

日文原版工作人员名单
图书设计　若山嘉代子 L'espace
摄　　影　下村亮人
校　　阅　山肋节子
文　　字　柏木由纪
编　　辑　成川加名予
　　　　　浅井香织（文化出版局）
日文版发行人　滨田胜宏

前言

制作糕点时，影响最后成品的因素有许多，包括各个操作流程时间点和细节上的把握等。目前市面上的很多食谱书，都会详细地叙述配方和操作过程，但是其中的科学道理和为什么这样做却说得不清楚。以我多年制作糕点的经验来看，食谱的配方和操作固然重要，但是只有了解了其中的科学依据，才能超越食谱本身，使自己的烘焙技术更上一层楼。我希望将我多年的经验，写入这本书中，在此和大家分享。制作糕点，其实就是“科学”和“化学”的结合。只要了解糕点制作中“科学”和“化学”的为什么，就能掌握糕点制作的重点，任何人都能制作出属于自己的完美糕点。我希望看到这本书的人，能够提高糕点制作的乐趣，用精心制成的美味使品尝者甜到心里，制作出“世界第一”的幸福糕点！

请相信自己的进步。与昨天相比，今天的你能够制作出更完美的蛋糕！总结从昨天制作的成品中学习的经验，活用到今天的糕点制作中，每天进步一点点，你一定能够制作出更美味、更优秀的成品。完成后，如果没有达到你想要的完美状态，一定要多问问“为什么”，一定要多花时间琢磨。失败是成功之母，只有在失败中总结经验，才能获得更多的技巧和经验。在本书中，我也会向大家介绍遇到这些瓶颈时的思考方法，并由此找到科学的理论支撑和解决之道。

用科学方式了解糕点的为什么，然后再进行制作！

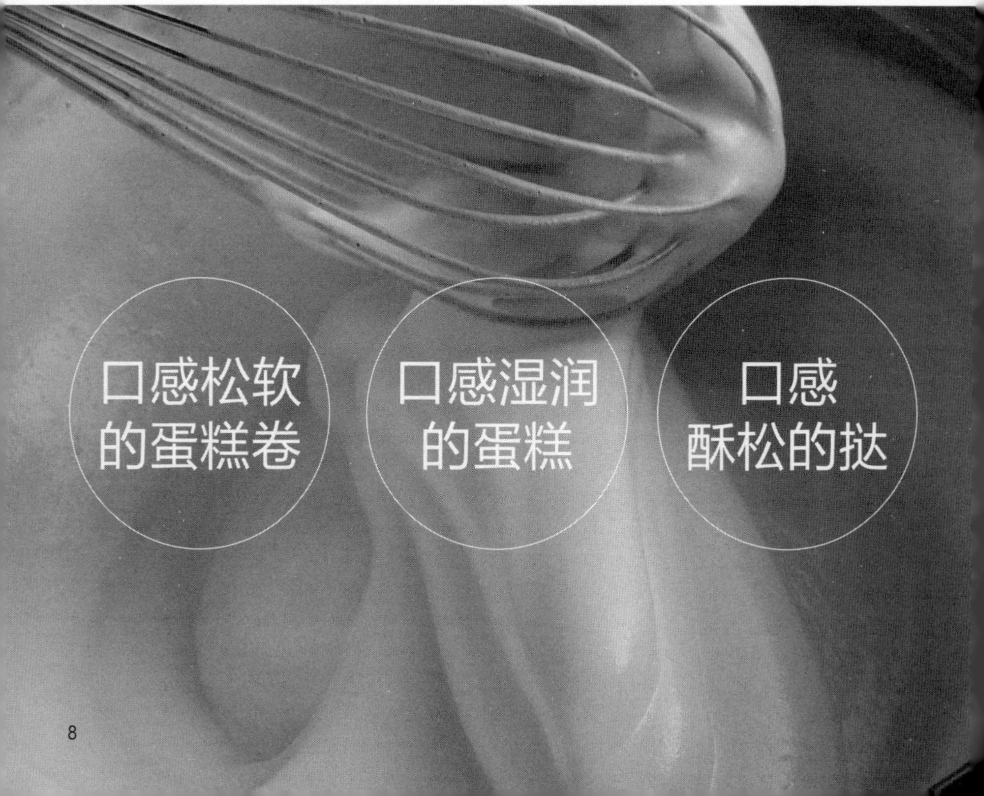

口感松软的蛋糕卷

口感湿润的蛋糕

口感酥松的挞

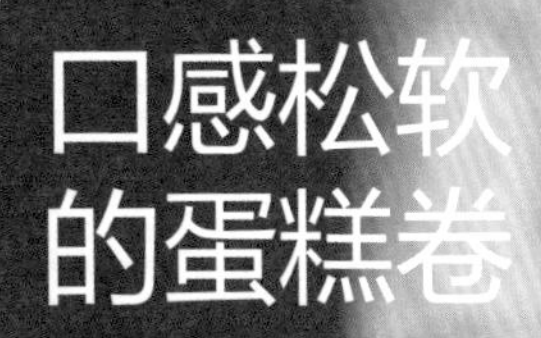

口感松软的蛋糕卷

羽纹蛋糕卷

抹茶蛋糕卷

奶油戚风蛋糕

口感湿润的蛋糕

含羞草蛋糕

巧克力大理石蛋糕

盐味焦糖磅蛋糕

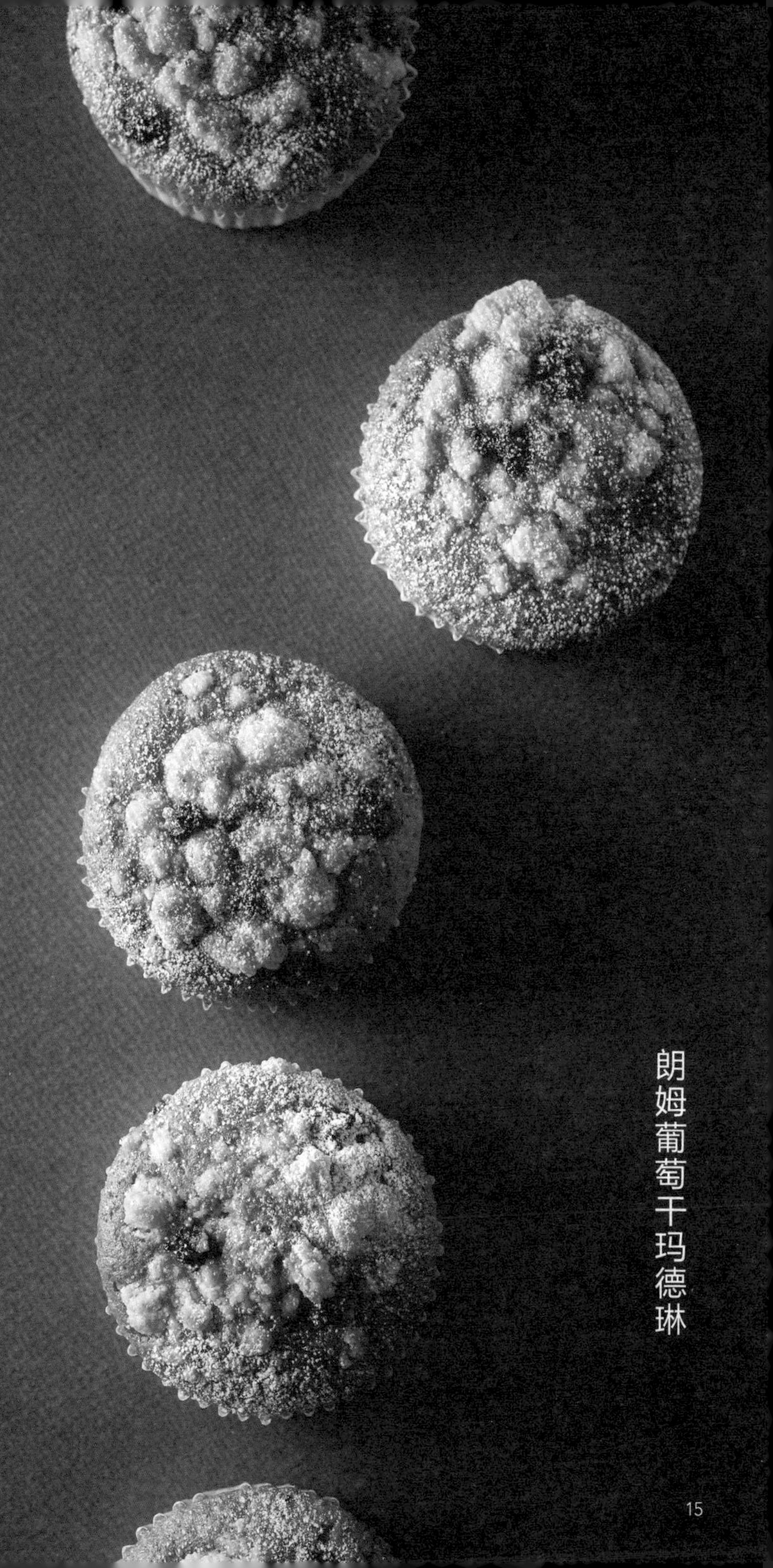

朗姆葡萄干玛德琳

乡村苹果挞
口感
酥松的挞
老奶奶挞

第一章

制作糕点时必须注意的事情

制作“世界第一”的幸福糕点

用等量的鸡蛋、砂糖、面粉和黄油这4种材料，制作极简的磅蛋糕（quatre-quarts）。quatre-quarts在法语中译为“4／4”，即4个1／4。英国的计量单位是磅（pound），所以英语称为磅蛋糕（pound cake），是广受世界各地食客欢迎的蛋糕之一。在法国，人们将这两种磅蛋糕严格加以区分，以熔化的黄油制作的磅蛋糕称为quatre-quarts，以打发的黄油制作的磅蛋糕称为pound cake。制作磅蛋糕时，会因制作方法不同而使成品产生极大的差异，可以是“世界第一”的美味，也可以是难以入口的负担。仅仅因为制作方法的不同而产生如此大的差别，想想也是十分有趣的。如果再深入思考，可以归纳出糕点制作的基本，进而可以从这个食谱延伸至所有的搭配组合。充分发挥前面列举的这4种食材的作用，检视这些食材是如何组合、如何相互作用的。只要能充分掌握这些微妙的变化，认真制作，就能做出令人惊叹的幸福糕点。

食材与食材、人与人要达到相互融合是极具难度的。只要肯下功夫，人们还是可以使食材达到具有光泽、顺滑的状态。但是，要使食材相互融合，并不是那么简单的事情。食材之间相互融合的状态会呈现光泽、顺滑且有弹性，这才是最完美的状态。在糕点制作中，最常见的是乳化的蛋黄、融入砂糖的蛋白霜、将面粉完全混拌后的面糊、加热后变得柔软的黄油。制作糕点最重要的，就是要充分理解制作的为什么，只有这样，才能制作出具有光泽、顺滑的面糊。“温”“热”不仅仅是温度计上的数字，我认为只有制作者用心去完成的糕点，才能成为令人感到幸福的糕点。

即使将蛋糕放入烤箱后，也请带着期待的心情想象面糊变化的状态。试着想象一下4种材料各自发挥作用，合为一体后的状态和变化的结果……今日的思考，正是明日未来革新的基石。

4种食材的特点

鸡蛋

鸡蛋的特点是凝固性、乳化性、起泡性。

在烘焙糕点的时候，特别会利用到蛋黄的乳化性、蛋白的凝固性和起泡性。通过利用它们各自不同的特点（乳化性和起泡性）使其融合，以制作出更美味的蛋糕。蛋白的成分几乎全都是水，蛋黄则更像是由众多的油分子组成的。也就是说，一个鸡蛋里面同时存在着水和油。我个人总是觉得，在制作糕点时打发蛋液，就是使鸡蛋中被蛋白保护的蛋黄重新返回蛋白中。

蛋黄中所含有的卵磷脂，具有聚合油脂和水分的能力。打发时，通过将蛋液打发成具有光泽的乳霜状，使卵磷脂乳化水分和油脂，使其拥有聚合力。打发的蛋白虽然会随着时间的推移而产生水分分离的现象，但通过加入具有聚合力的蛋黄，可以起到稳定发泡的作用。

特别是在制作蛋糕卷时，呈现出鸡蛋特有的蓬松柔软的口感，就是体现了蛋黄和蛋白充分融合互补的结果。

砂糖

在我的认知中，砂糖的作用不单单能增加甜度，还能起到黏合材料的作用。添加砂糖不仅仅是为了制作出甜味的糕点，而是为了使气泡稳定，且具有诱导结合后续添加材料的作用，是制作糕点过程中必不可少的材料。

制作蛋糕卷面糊时，首先将上白糖溶化至蛋白中，然后打发，以此初步起到安定蛋白霜气泡的作用，也可以使其他材料能够顺利地融入其中，有利于各种材料更好地相互结合。这样做的结果，就是完美制作出蓬松柔软、同时具有湿润口感，呈现出美味且口感极佳的舒芙蕾面糊。制作蛋白霜时，如细砂糖般的结晶砂糖不易溶于水，可以使用上白糖、三温糖、黑糖等易溶于水的砂糖，更能制作出结合力强、且气泡稳定的蛋白霜。此外，烘烤时散发的香味，是易于焦糖化的上白糖所特有而其他砂糖所不具备的特点。

对于打发黄油所制成的磅蛋糕，在制作过程中一边加入颗粒非常微小的糖粉一边打发，因此打发过程中包裹了足够的空气，更容易与大量的蛋液结合。添加前的黄油呈现出光泽的状态，这是为了更好地同其他材料结合。

砂糖的甜度，在空气非常湿润的夏季或雨季会更加明显。相反，在空气干燥的冬季或者晴天的时候，甜度就没有那么明显了。

鸡蛋、砂糖、面粉和黄油，虽然都是制作糕点时必不可少的重要材料，但是，如果说非要选出一种，缺少了它就无法制作任何糕点的话，那一定非砂糖莫属了。即使缺少了鸡蛋、面粉或者黄油，还是可以制作出糕点的。因为糕点本身就是甜的，砂糖能起到结合各种材料的作用，对我而言，它就是必不可少的材料。

面粉

面粉，如果直接使用，绝对称不上好吃，但是，它确是糕点制作时塑形的重要材料。如果将鸡蛋、砂糖、面粉、黄油直接放在烤盘上烘烤，用眼睛就能直观地看出，同砂糖一样，黄油预热就会熔化。而鸡蛋和面粉却不会。特别是面粉，烘烤前后变化不大，仍然是以松散的状态存在。因此可以证明，面粉在制作糕点上，如同蛋糕的骨架一样。

此外，说到面粉，就不得不说一说麸质（gluten）。麸质一旦遇到水，再通过人工揉搓，就可能形成良好的面筋或者不佳的面筋。在制作磅蛋糕的过程中，如果在鸡蛋和黄油尚未充分结合的时候就添加粉类混拌，那么此时就会使面团的筋度过大，烘烤后的蛋糕口感会过于厚重。因为添加了泡打粉，会使这种厚重的口感更加突出，烘烤完成的蛋糕会随着时间的推移，呈现粗糙的口感。如果鸡蛋和黄油充分混合成具有光泽的状态，此时再加入粉类搅拌均匀，制成具有弹性的面糊，那么用这种面糊烘焙出的蛋糕口感湿润顺滑，非常好吃。操作时请注意保持面粉的适度筋性，不足或者过度都是不可取的。

想要使面团的筋性达到最佳状态，水的用量和个人操作习惯都是影响因素。

提到以粉类为主制作的糕点，最先浮现在脑海中的就是黄油甜酥饼干（shortbread）。常规的配方中，是不添加鸡蛋的。这样做是为了避免鸡蛋中的水分影响粉类的筋性，防止产生过强的筋性。因此，可以呈现出酥松爽脆的口感。我用甜酥面团（pâte sucrée）制作蛋糕或者饼干时，会添加少许鸡蛋作为黏合之用。但是即使添加的鸡蛋量很少，也要注意控制好面团的筋性。添加少量的鸡蛋可以提升成品的风味，鸡蛋中的水分会使烘烤出的糕点口感更加酥脆。

黄油

烘焙蛋糕时，使用的黄油多为百分之百的动物性奶油。有时候，也会使用植物性黄油并添加10%~50%的混合人造黄油（compound margarine）。植物性黄油搅拌时会包裹大量的空气，所以在需要使材料包含空气的时候，与其使用黏性较强的纯黄油，不如利用混合人造黄油，可以更轻易地操作。

在制作糕点时，黄油的加入方式有两种，既可以使用熔化的黄油，也可以使用打发成膏状的黄油。使用熔化的黄油时，请选用高品质的纯黄油。以制作磅蛋糕为例，食谱中使用了大量熔化的黄油，为了避免粉类吸收黄油的油脂，要将粉类和黄油各分成2次添加，依序混拌均匀后再加入下一次的材料。这样操作，即使使用了大量的黄油，成品的口感也不会太油腻，烘烤出的磅蛋糕口感湿润顺滑。

使用打发成膏状的黄油也可以制作磅蛋糕。如果黄油为纯黄油，一样会有黏性，一样可以打发。但是如果使用混合人造黄油，一旦打发，会饱含大量的空气，即使使用过量的鸡蛋，也不会出现材料分离的现象，可以使材料完全融合在一起。隔水加热鸡蛋的时候，因为黄油会软化，油脂不会分离，此时鸡蛋和黄油可以更好地结合在一起。

所谓的“完美蛋糕”，就是含有水分的鸡蛋和含有油脂的黄油充分结合的产物。或用最难掌控又美味十足的黄油，在这些食材上多下点功夫，就能驾轻就熟地操作了。

制作美味糕点所需的技巧

双手在糕点制作中有很多用处，可以代替一些手持工具来使用。使用双手可能起到积极的作用，也可能会破坏材料，起到消极的作用。橡皮刮刀可以用并拢的手指来代替。混拌材料时，就像把材料放在手掌般操作。揉搓时，可以想象成以手掌按压般推压。搅拌时，可以把手指想象成橡皮刮刀，想象看不见的面糊状态，这样自然能感受到最有效的混拌方法。

请不要忘记左右手同时操作的重要性。在混合材料时，请不要只用惯用手进行操作，另一只手也要进行辅助操作。左右手同时操作是很重要的事。双手同时操作，可以减少非必要的动作，也就是说，可以减少材料直接承受压力地进行混拌。

我们经常会说“卸下肩膀的力道”，在制作糕点手持工具的时候，要注意将注意力集中在指尖上，自然就可以放松，进而卸下肩膀的力道。反之，如果用手掌紧紧握住手持工具，肩膀就会不自觉地发力。

最后，要进行思考预判。制作糕点是“科学”与“化学”的结合，材料的状态时时刻刻在改变，因此，无法立刻停止或恢复。在制作糕点的时候，所谓的思考预判，就是指预测第2个步骤、第3个步骤。如此就能明白自己现在应该做什么。

制作糕点时要全身心地投入

请保持被观察和要呈现的意识。边观察周围的情况，边保持“自己被观察”的意识进行操作，这样就能有效率地锻炼操作手法。动作干练如行云流水，我的周围总是会聚集很多羡慕的目光。

对于任何事物，都不要过于武断，否则会成为目标人物。不要用固有的思考模式来进行判断。对于事物的判断如果能以自己心中的尺度来评估，就能有更深切的体会，同时也能更了解食材的特点，进而能判断并寻找最适合糕点制作的环境，包括温度和湿度。

此外，将已经熟悉的知识，经由进一步的学习而巩固精进。将自己已经了解的事物传递给周围的人，传达教授的同时，也是一种很好的自省，也能由此察觉出自己的优缺点。很多时候，如果没有被人提醒，很难察觉自己的错误。在糕点制作上面，也存在同样的道理。

在将材料的特点、制作方法教授他人的同时，也能对自己起到不断巩固学习的目的。

所谓的浪费时间，是指努力辛苦都付诸东流、自暴自弃的说法。但是在糕点制作中，只要下了功夫，努力就绝对不会付诸东流。黄油和鸡蛋通过添加的砂糖而结合，接着温热的鸡蛋可以软化黄油并增加材料的光泽和黏性，通过用科学的方式了解糕点的为什么，并将这些灵活地运用到糕点制作中吧！

鸡蛋、砂糖、面粉和黄油，是制作糕点时最重要的4种材料。至于风味，虽然砂糖和黄油美味，但鸡蛋，特别是面粉，却无法单一地形成美味。但是放入烤箱加热后，砂糖和黄油的形状就会消失，而鸡蛋和面粉却仍然存在。美味的材料会消失，而本身没有什么味道的材料仍然以完整的形态出现，由此可知糕点制作中，无法以单一材料完成制作，而是需要与其他材料共同作用，才能制作出美味的糕点。

关于蛋白霜

饱含空气的蛋白霜，其作用是可以支撑沉重的面糊，使面糊经过烘烤后产生轻盈的口感。此外，还能起到稳定面糊中各种材料状态的作用。对我个人而言，如果在心情不好的时候，只要看到柔软蓬松的蛋白霜，就能起到治愈的效果。

提到用蛋白霜制作的、最能治愈人心的糕点，那就非奶油戚风蛋糕莫属了。它的糕体柔软蓬松、口感湿润。用手掰开刚出炉的蛋糕时，满屋充满着浓郁的香气，真的能够使阴霾的心情一扫而光。蛋白霜也是制作法式巧克力蛋糕时不可或缺的材料，制作过程中加入含有油脂的材料，有助于支撑糕体和粉类的混拌。充分发挥蛋白霜的特点，就能烘焙出蓬松润泽的法式巧克力蛋糕。

只要持续打发蛋白霜就不会出现分离的现象。一旦停止打发，就会出现分离的现象。将蛋白霜分2次加入面糊中。

首次加入蛋白霜，其目的是使材料更容易结合后加入的粉类，具有支撑的作用。第2次加入蛋白霜，其目的是使烘烤完成后的成品呈现柔软蓬松的状态。刚刚开始产生分离现象的蛋白霜，可以在添加之前再次搅拌，使其恢复具有光泽的蓬松状态。

蛋白霜的打发方式和添加砂糖的时间，可以根据蛋糕的特点灵活掌握。在我的食谱中，使用的是半量或等量的砂糖，以想象中希望获得的口感而区分使用。例如，蛋糕卷使用的砂糖的量为蛋白的一半，并且在最初阶段就全部加入，使其溶化后再开始打发。但是，在制作相同配比的戚风蛋糕的时候，添加砂糖的时间点和打发的方式都有所变化。戚风蛋糕或以蛋白霜制成的磅蛋糕（quatre-quarts），成品松软又带有弹性。以蛋白霜为主制成的糕点，因为想要呈现出糕体细腻的状态，因此搅拌时多使用手持电动搅拌器，且增加搅拌的转速，以求搅打出大量的气泡。虽然使用的方法相同，但是戚风蛋糕使用的砂糖量为蛋白的一半，而粉类较多的磅蛋糕（quatre-quarts）使用与蛋白等量的砂糖，以求能够支撑气泡。

融入大量砂糖的蛋白霜，状态稳定，对于添加大量黄油或者粉类的糕点而言，具有较强的支撑作用。用大量的砂糖结合细密的气泡，能使其状态稳定，并能将这种稳定的状态一直维持到最后。一想到蛋白霜，就会在脑海中浮现出各种各样的蛋糕。今天就来制作这样口感的蛋糕吧！让我们充分享受其中的乐趣吧！

第二章

食谱的组合与思考

通过失败总结经验而获得的配方

法国糕点中，蛋糕体和黄油的绝妙搭配，令人品尝之后久久不能忘怀。但是，在口感粗糙的蛋糕体表面涂抹糖浆，我是绝对不能接受的。如果是我亲自来制作这款蛋糕，我希望烘烤出犹如舒芙蕾般柔软蓬松，散发着黄油香气，口感湿润的糕体……因此，我自己在制作蛋糕的时候，想象着我所追求的蛋糕成品状态，在制作过程中不断尝试，通过总结经验，才获得了现在的配方。

有一次，当我想要将刚刚烘烤完成的戚风蛋糕脱模的时候，不小心掉落了，因为整个蛋糕体含有较多水分而使整个蛋糕塌陷。我随手撕下一块品尝，口感竟然正是我一直追求的。空气和水分浑然天成地融合在一起。之后，我又进行了各种实验并记录其变化状态，发现很多关于温度和湿度对于糕点制作影响的情况，并且发现了鸡蛋的多种可能性。这次的失败是通往成功制作理想蛋糕卷的第一步，失败是成功之母！

重返磅蛋糕的配比

糕点制作中最基础的就是磅蛋糕（quatre-quarts）食谱。因为它的配方简单，只需要家中随手可得的4种材料（鸡蛋、砂糖、面粉和黄油），以等量倒入盆中即可制作完成。以此为基础，大部分的糕点都是通过增减这4种材料的用量，或者用其他材料代替它们而制作完成的。

制作糕点的时候，因为黄油和砂糖的味道十分美味，所以操作者总是忍不住想要多加一些。粉类因为本身没有什么味道，其目的是起到支撑糕体的作用，所以只要能达到这个目的即可，不会有人想着过多地添加。制作这款蛋糕的时候，我尝试过以家中常备的上白糖来制作，后来也尝试过使用细砂糖。经过对比可以发现，上白糖的香气和风味比细砂糖略胜一筹。还有一次，我在制作过程中忘记了加粉类，结果烘烤完成后，从烤箱取出时，膨胀的舒芙蕾就像一座小山，但是转瞬之间就塌陷了。就是通过无数次的尝试，犹如探险般的一点一点增减材料，才获得了现在的配方，也达到了将粉类减至最少，利用鸡蛋的力道支撑糕体的目的。

正因为是蛋糕卷

这款用蛋糕体卷制而成的蛋糕卷，希望大家品尝的时候可以不用刀叉，而是用手拿着，亲身体验一下真实的触感。因为蛋糕卷使用的是舒芙蕾蛋糕体，所以制作中不需要添加酒糖液。即使卷制成蛋糕卷，蛋糕体的表面也不会有裂纹。最重要的就是打发鲜奶油的硬度，只有硬度适中才能保证蛋糕卷制作的时候卷制得漂亮。因此，鲜奶油要充分打发，但是，又不可打发过度，避免其口感变得粗糙干燥。打发鲜奶油的口感以入口即化为宜。考虑到完全符合这些条件的鲜奶油，那就非甘纳许鲜奶油莫属了。它不仅容易包卷，硬度适中，同时又比单纯地打发鲜奶油的味道香醇浓郁。

制作蛋糕卷时，首先需要注意的就是蛋黄的乳化。请试着想象搅拌器所产生的力量将蛋黄凝聚在一起，使蛋黄借由这种力量完全打散。乳化的蛋黄，会包裹住之后制作的蛋白霜。这样的蛋白霜，打发的程度是介于浓稠与蓬松之间的状态。蓬松的感觉胜于浓稠感，略有扎实的程度就说明已经达到最佳状态。接着加入粉类，但是相对于水分而言，粉类的用量非常少，因此容易结块，所以请注意，一定要搅拌均匀。首先以由内向外的顺序筛入粉类，要避免集中在同一位置，要均匀地筛入全部材料。待粉类完全加入后，想象如使用手掌般搅拌，搅拌时，要尽量避免破坏气泡。加入保持一定热度的熔化黄油后，趁其尚未降温时迅速搅拌均匀后放入烤箱中。烘焙过程中，会从烤箱中不断飘出香味！在日本京都，只要一提到煎饼，人们的头脑中就会立刻浮现出甜味煎饼。我觉得烘烤蛋糕卷时产生的香气和烘烤甜味煎饼时产生的香气很像，十分诱人。但是和甜味煎饼不同，这是4种不同材料合为一体，制成的美味糕点。

口感松软的蛋糕卷

快和我一起来制作吧！

羽纹蛋糕卷（外卷法）

抹茶蛋糕卷（内卷法）

将粉类减至最低，
利用“鸡蛋的力道”
实现世界上最松绵柔软的口感。
柔软的蛋糕体，
即使卷起也不会产生裂纹。

口感松软的蛋糕卷

羽纹蛋糕卷（23cm 的蛋糕卷1个）

★ 甘纳许鲜奶油（提前一天制作备用）

白巧克力 60g、淡奶油 180mL

1. 将白巧克力切碎，放入盆中备用。
2. 锅中放入淡奶油，加热至沸腾后，倒入步骤 1 的材料并搅拌均匀，使白巧克力完全溶化。
3. 另取一个大一点的盆，加入大量的冰块后，叠放上步骤 1 的盆，一边搅拌一边使其冷却。待材料全部充分冷却并变得黏稠后，盖上保鲜膜，放入冷藏室静置一晚。

★ 事前准备

· 在烤盘上铺上裁剪适中的烘焙用纸。

· 将浓缩咖啡和蛋黄混合均匀，装入一次性裱花袋中备用。

★ 面糊

蛋黄 6 个、蛋白 5 个、上白糖 100g、低筋面粉 50g、黄油 50g

★ 咖啡液

浓缩咖啡 1 大匙（将 5 大匙粉末浓缩咖啡加入 1 大匙热水中，制成咖啡浓缩液）、蛋黄 1 个

4. 隔水加热黄油，使其备用。
5. 将蛋黄放入盆中搅散，打发至颜色变白并变得沉重。
6. 另取一个较大的盆，放入蛋白，加入上白糖并用打蛋器充分搅拌，使其完全溶化后，改用手持电动搅拌器打发，完成后，再改用打蛋器继续操作，以此制作出质地细腻的蛋白霜。加入步骤 5 的材料中并混拌均匀。
7. 一边过筛低筋面粉，一边加入盆中，用橡皮刮刀搅拌至全部材料产生光泽。
8. 加入步骤 4 温热的熔化黄油，搅拌均匀。
9. 在烤盘上铺上烘焙用纸，倒入步骤 8 的材料，用刮板整理表面。轻轻震动几下烤盘，以便排出多余的空气。将装有咖啡液的一次性裱花袋前端剪去 2~3cm，如绘画般斜着挤在面糊表面，使用竹签在线条上垂直画出图案。以预热至 200℃的烤箱烘烤约 12 分钟。
10. 完成烘烤后取出，放在散热架上，去掉蛋糕侧面的烘焙用纸。待蛋糕散热后，在蛋糕表面盖上与烤盘底部相同大小的烘焙用纸。待温度完全降低后，连同烘焙用纸一起翻面，然后移除底部的烘焙用纸。
11. 将步骤 3 的甘纳许鲜奶油打至八分发，然后涂抹到蛋糕体适当位置，用抹刀平整地推开鲜奶油。
12. 用指尖小心地卷起蛋糕卷，手掌要如同包裹住蛋糕卷般操作。
13. 卷制完成后，连同烘焙用纸一起放入冰箱冷藏约 30 分钟。

口感松软的蛋糕卷

抹茶蛋糕卷（23cm 蛋糕卷1个）

★ 抹茶甘纳许鲜奶油（提前一天制作备用）
白巧克力 60g、淡奶油 180mL
抹茶 4g、热水 15mL

1. 将抹茶放入热水中，充分搅拌。
2. 将白巧克力切碎，放入盆中备用。
3. 锅中放入淡奶油，加热至沸腾后，倒入步骤 2 的白巧克力并搅拌均匀，使白巧克力完全溶化。然后加入步骤 1 的材料混拌均匀。
4. 另取一个大一点的盆，加入大量的冰块后，叠放上步骤 3 的盆，一边搅拌一边使其冷却。待材料全部充分冷却并变得黏稠后，盖上保鲜膜，放入冷藏室静置一晚。

★ 事前准备
· 在烤盘上铺上裁剪适中的烘焙用纸。
· 将低筋面粉和抹茶粉过筛备用。

★ 面糊
蛋黄 6 个、蛋白 5 个、上白糖 100g、低筋面粉 50g、抹茶粉 8g、黄油 50g

★ 其他
红豆馅 100g

5. 隔水加热黄油，使其熔化后备用。
6. 将蛋黄放入盆中搅散，打发至颜色变白并变得沉重。
7. 另取一个较大的盆，放入蛋白，加入上白糖并用打蛋器充分搅拌，使其完全溶化后，改用手持电动搅拌器打发，完成后，再改用打蛋器继续操作，以此制作出质地细腻的蛋白霜。加入步骤 6 的材料中并混拌均匀。
8. 一边过筛低筋面粉，一边加入盆中，用橡皮刮刀搅拌至全部材料产生光泽。
9. 加入步骤 5 温热的熔化黄油，搅拌均匀。
10. 在烤盘上铺上烘焙用纸，倒入步骤 8 的材料，用刮板整理表面。轻轻震动几下烤盘，以便排出多余的空气。以预热至 200℃的烤箱烘烤约 12 分钟。
11. 完成烘烤后取出，放在散热架上，去掉蛋糕侧面的烘焙用纸。待蛋糕散热后移至操作台上，在蛋糕表面盖上与烤盘底部相同大小的烘焙用纸。待温度完全降低后，连同烘焙用纸一起翻面，然后移除底部的烘焙用纸，覆盖上另一张新的烘焙用纸，再次将烤上色的表面翻转朝上放置。
12. 将步骤 4 的抹茶甘纳许鲜奶油打至八分发，然后涂抹到蛋糕体适当位置，用抹刀平整地推开鲜奶油。
13. 将红豆馅放入装有裱花嘴的裱花袋中，在奶油表面，以适当的间隔挤出 3 条红豆馅。用指尖小心地卷起蛋糕卷，手掌要如同包裹住蛋糕卷般操作。
14. 卷制完成后，连同烘焙用纸一起放入冰箱冷藏约 30 分钟。

1.制作甘纳许鲜奶油，提前一天准备入口即化的甘纳许鲜奶油，更能烘托出蛋糕的风味。

在巧克力中加入煮至沸腾的淡奶油

将巧克力切碎（或使用纽扣巧克力），放入盆中，加入煮至沸腾的淡奶油。

用打蛋器充分搅拌，使巧克力溶化

用打蛋器仔细混拌，使盆中的巧克力充分溶化。

6

另准备一个较大的盆，冷却备用

在另一个较大的盆中放入大量的冰块，叠放在装有甘纳许鲜奶油的盆下面，边搅拌边使其冷却成具有光泽的状态。

在卷入前，将淡奶油打至八分发

将静置在冷藏室一夜的制作甘纳许鲜奶油的材料打发。打发至用橡皮刮刀舀起后，能够缓缓滴落的状态即可。（**我所下的功夫 8**）

2.面糊（打发蛋黄）

美味蛋糕体的制作，取决于蛋黄的乳化。

隔水加热黄油，使其熔化

隔水加热是指煮至沸腾后转小火，再放入装有黄油的盆中，使其保持热度。（**我所下的功夫 10**）

20

4

将蛋黄和蛋白分离

在较大的盆中放入蛋白，在小一点的盆中放入蛋黄。

如图所示握紧打蛋器，搅散蛋黄

用手指抓握搅拌器的钢圈部分，进行打发操作。

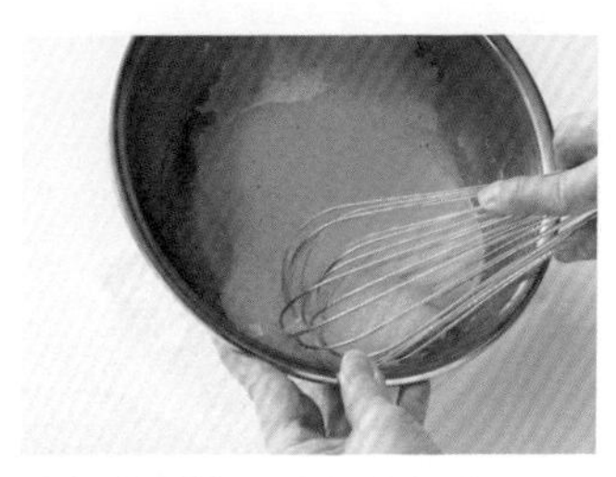

边倾斜盆体，边用力打发

将盆朝自己身体方向倾斜，使蛋黄聚集在一起并用力打发。

打发至蛋黄颜色变白具有厚重感

打发至蛋黄变得沉重且黏稠，此时蛋黄能够包裹在打蛋器的钢圈上。

8

3.面糊（打发蛋白）

制作蛋白霜。因为是黏稠且具有光泽的蛋白霜，所以必须打发至蓬松柔软为止。

在蛋白中加入全部上白糖

在蛋白中加入材料中全部用量的上白糖。

? 11

用打蛋器混拌使上白糖溶于蛋白中

进行打发操作之前，要通过搅拌，使上白糖完全溶于蛋白中。

待上白糖溶化后，改用手持电动搅拌器进行打发

先用力沿着纵向进行打发，使气泡变得细腻后，再改为沿着横向进行打发。

? 9

制作细腻且浓稠的蛋白霜

使用手持电动搅拌器打发至蛋白霜变得具有光泽、细腻且黏稠的状态。

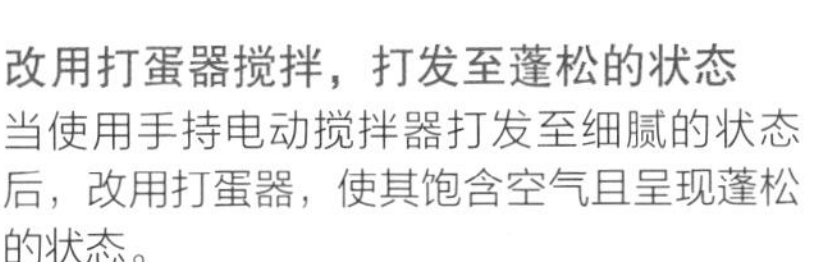

改用打蛋器搅拌，打发至蓬松的状态

当使用手持电动搅拌器打发至细腻的状态后，改用打蛋器，使其饱含空气且呈现蓬松的状态。

9

4.面糊（混拌）

在蛋白霜中依序加入蛋黄、面粉和熔化黄油并搅拌，想象如手掌般混拌的感觉。

在蛋白霜中添加乳化的蛋黄

在蛋白霜中添加蛋黄后，双手同时配合操作，使其混合。

10

混合蛋黄和蛋白

使乳化的蛋黄包裹住蛋白霜，仔细地搅拌。

边筛入低筋面粉边混拌

开始混拌的时候，按照从中间向外侧的顺序筛入面粉。操作时，以单手不断地小幅度敲击粉筛。

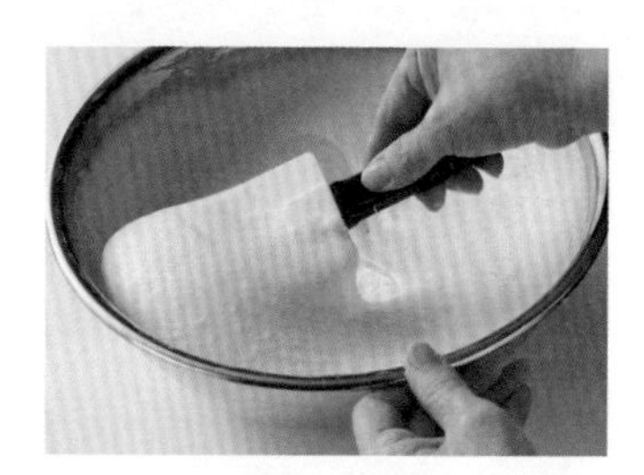

用橡皮刮刀混拌至出现光泽

搅拌时，持续用橡皮刮刀舀起般大幅度搅拌。

加入温热的熔化黄油后混拌

加入保持温热的熔化黄油，避免混拌不均匀，要确保材料混拌均匀。

5.烘烤（将面糊倒入烤盘后烘烤）

将烘焙用纸铺入烤盘中，侧面也要使用烘焙用纸，倒入面糊后，用刮板迅速整理面糊表面，使其平整，然后放入烤箱。

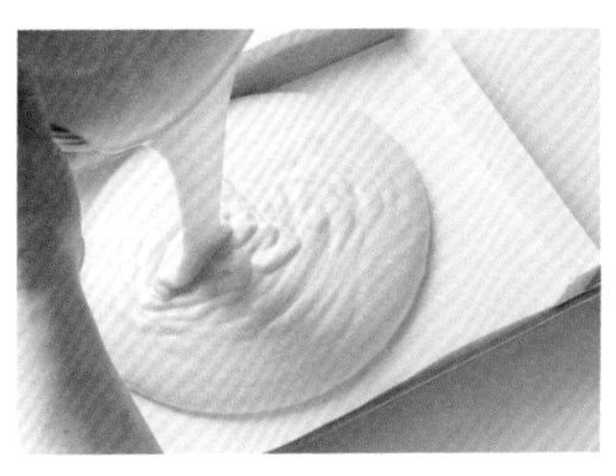

将面糊倒入铺好烘焙用纸的烤盘中

将烤盘中铺上烘焙用纸，由高处将面糊倒入烤盘中。

用刮板刮平面糊表面

用刮板慢慢地将面糊表面整理平整，使面糊均匀地平铺在烤盘中。

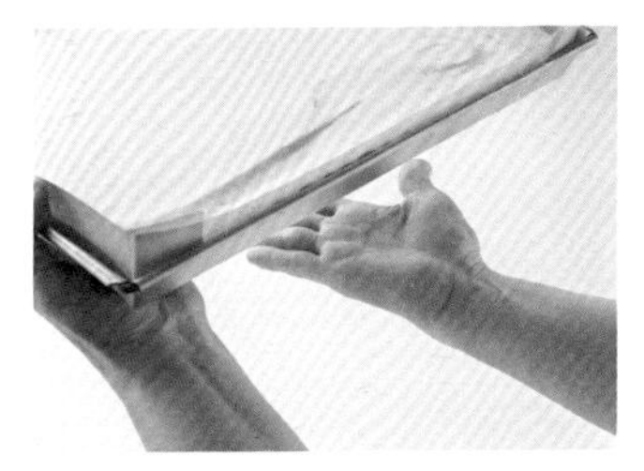

敲击烤盘底部，排出多余空气

单手持烤盘，将烤盘由高处落下至另一手中，重复操作 2~3 次。

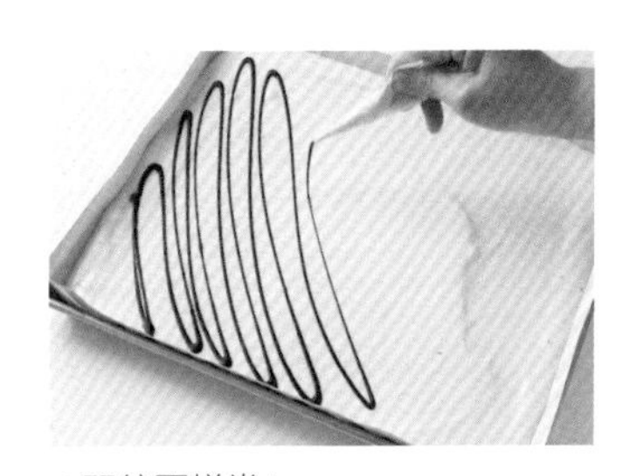

<羽纹蛋糕卷>

将咖啡液装入一次性裱花袋中，在烤盘中挤入咖啡液。

将一次性裱花袋前端 2~3cm 处剪掉，斜向如图所示，运用手腕的力量在烤盘上挤出咖啡液。

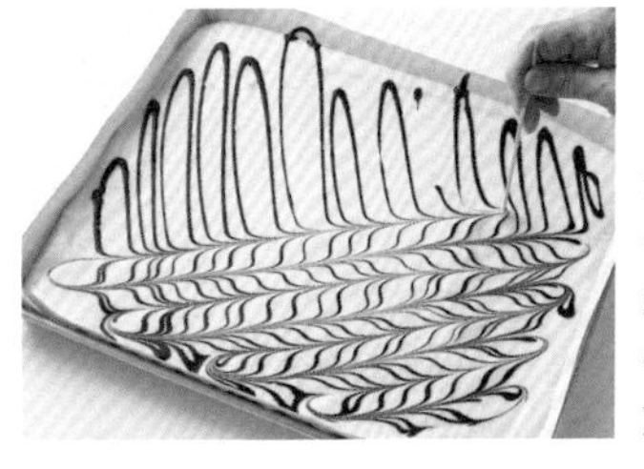

将垂直于蛋糕体表面的角度插入竹签，制作出花纹

将竹签垂直插入蛋糕体，上下来回滑动以制作出漂亮的羽纹图案。放入预热至 200℃的烤箱中烘烤约 12 分钟。

49
50
51

6.卷起（外卷法，羽纹蛋糕卷）

外卷法是指以烘烤上色的表面为外侧来制作蛋糕卷。

取出蛋糕体并置于网架上

将蛋糕体取出后置于网架上，立即移除侧面的烘焙用纸。

?

2

降温后移至操作台上

为了避免蛋糕体干燥，要在表面覆盖同蛋糕体大小一致的烘焙用纸。

待温度降低后，连同烤盘一起翻面，并移除底部的烘焙用纸

连同覆盖在蛋糕体表面的烘焙用纸一起翻面，如图所示仔细地移除底部的烘焙用纸。这样，才能保证卷起的成品蛋糕卷外观漂亮，没有裂纹。

1
2

在蛋糕卷的内侧涂抹鲜奶油

将打至八分发的甘纳许鲜奶油置于靠近身体一侧的蛋糕卷上。（**我所下的功夫 8**）

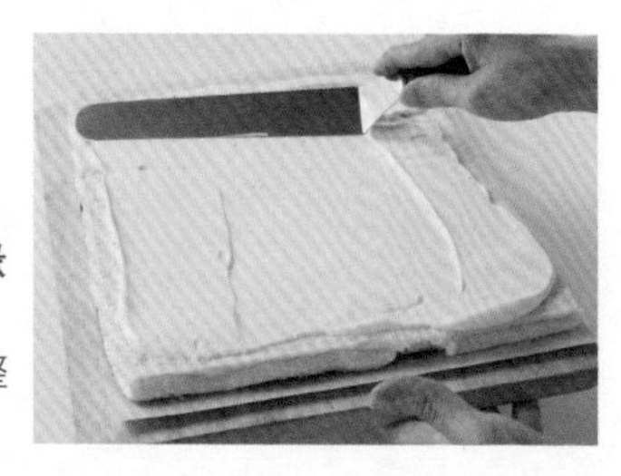

用抹刀将奶油均匀地推至边缘2cm处

避免用力过度，要轻轻地将奶油平整地摊开。

用双手指尖轻柔地卷起第一圈和第二圈，然后用手掌以包裹般的感觉轻柔地卷起。

使用指尖卷第一圈

避免松散、紧密地卷动第一圈，要用指尖小幅度地卷动。

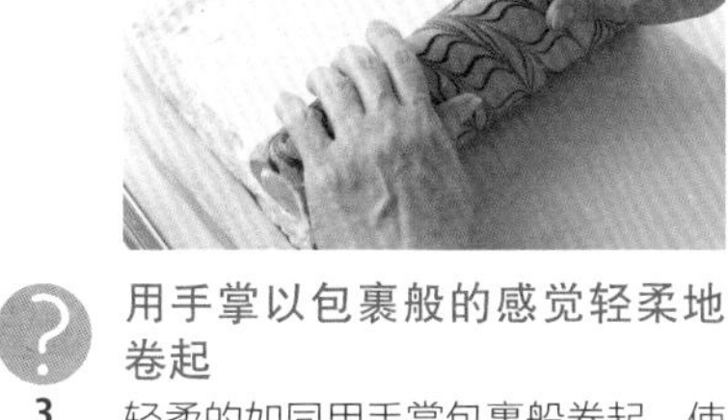

用手掌以包裹般的感觉轻柔地卷起

? 3

轻柔的如同用手掌包裹般卷起，使蛋糕卷卷起后粗细均匀。

将蛋糕卷移至身前，连同烘焙用纸一起卷起

将蛋糕卷移动到身体前侧，与烘焙用纸一起卷起固定形状。

打开烘焙用纸，使蛋糕卷接口朝下

蛋糕卷以纵向放置并打开烘焙用纸，将蛋糕轻轻地放在烘焙用纸中间，使其接口朝下放置。

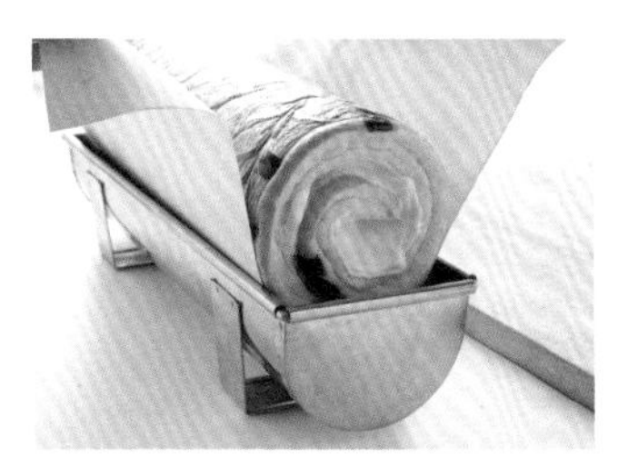

放入通用模型中，置于冷藏室内

提起烘焙用纸的两端，放入通用模型中固定形状，放在冷藏室中静置 30 分钟。

6.卷起（内卷法，抹茶蛋糕卷）

内卷法是指以烘烤面作为内侧，将呈现漂亮抹茶色的蛋糕体作为外侧。

待降温移至操作台上后，在蛋糕体上面盖上一张烘焙用纸
与羽纹蛋糕卷一样，为了避免蛋糕体干燥，要在上面盖上与烤盘大小相等的烘焙用纸。

?
1

待温度降低后，连同烤盘一起翻面，并移除底部的烘焙用纸
从靠近身体一侧向外慢慢地移除烘焙用纸。因为蛋糕体十分柔软，所以要轻轻地操作。

覆盖上另一张烘焙用纸，再次将烤出颜色的一面朝上
卷起时，将鲜艳的抹茶蛋糕体再次翻面，使呈现烘烤色的一面朝上。

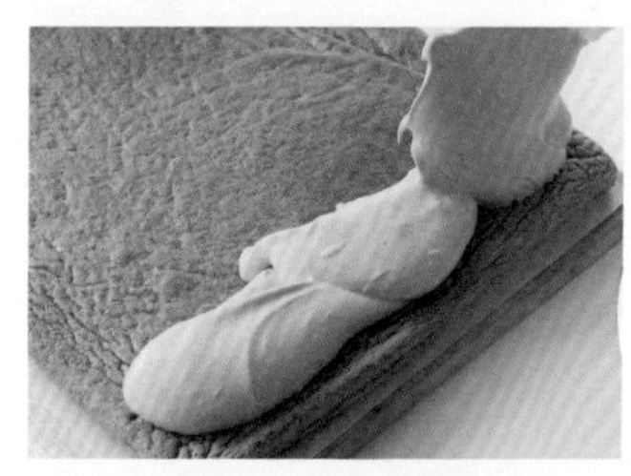

?
3

在开始卷的地方放入甘纳许鲜奶油并涂抹均匀
在蛋糕体表面放入打至八分发的甘纳许鲜奶油，均匀地推开至边缘2cm处。（**我所下的功夫 8**）

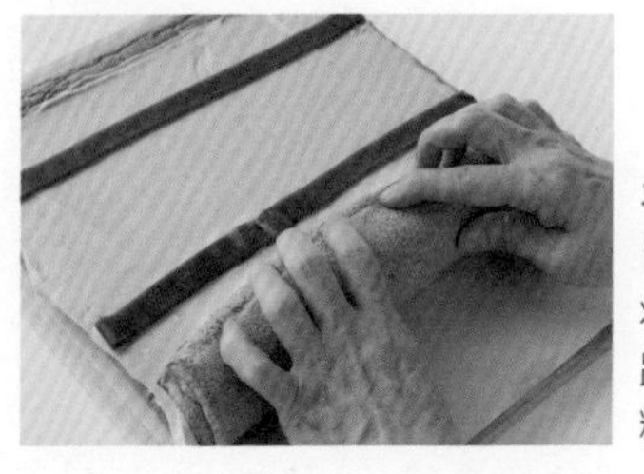

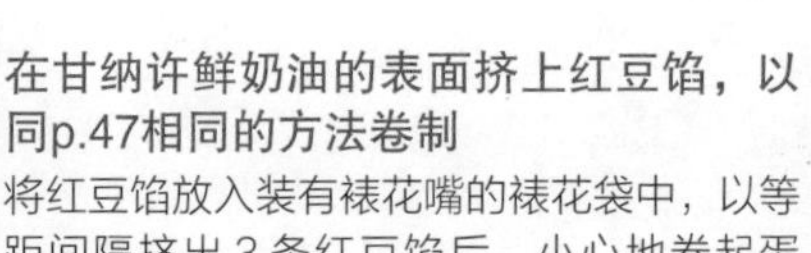

在甘纳许鲜奶油的表面挤上红豆馅，以同p.47相同的方法卷制
将红豆馅放入装有裱花嘴的裱花袋中，以等距间隔挤出 3 条红豆馅后，小心地卷起蛋糕体。

2
3

口感松软的蛋糕卷

制作方法问与答

1. 烘烤蛋糕时，蛋糕体为什么会粘在烘焙用纸上？

首先，要弄清楚，蛋糕体是粘在烘烤后覆盖在蛋糕体表面的烘焙用纸上，还是倒入面糊时放在烤盘中的烘焙用纸上。

如果蛋糕体粘在覆盖在表面的烘焙用纸上，那么这是因为蛋糕体表面湿润，向内卷起时，为了更容易卷起，会在表面涂抹打发的鲜奶油。此时，移除烘焙用纸的痕迹会随着蛋糕体的卷制过程而消失，所以不用在意。向外卷制时，待降温后，使用贴合度较低的纸来覆盖蛋糕体的表面，就可以解决这个问题。用外卷法制作蛋糕卷时，表面全部烘烤成漂亮的烤色，这样不容易粘在烘焙用纸上。

如果受到移除烘焙用纸后的痕迹困扰，应该是在使用内卷法制作蛋糕卷的时候吧。出现这种情况，大部分的原因都是水分的问题。烘烤完成前，水分会向下堆积，渗入烘焙用纸而造成蛋糕体的粘连。如果想要防止这种情况的发生，请注意以下两件事。

一是蛋白霜的打发。内卷法制作蛋糕卷时，与外卷法相比，更需要仔细地进行打发操作。可以将蛋白霜打发至舀起后呈尖角，能够直立的状态。借由制作更强韧的蛋白霜来减少气泡被破坏，变成水分的情况。

二是注意搅拌的方式。要尽量避免破坏气泡，理由同上。搅拌的时候，要尽量避免破坏气泡，要仔细地搅拌，使粉类和黄油与全体面糊混拌均匀。我通常描述为“想象用手掌来混拌一般”。各位读者，想象犹如以双手手掌搅拌，这样就可以保证均匀地搅拌了。虽然混拌方式是经常被忽视的一个因素，但是它却左右着成品的呈现状态，是非常重要的因素。

2. 卷起蛋糕卷的时候，为什么总是会产生裂纹呢？

内卷法和外卷法不同。

使用外卷法制作时，因为烘烤面是干燥的状态，所以卷制的时候，会因为拉动蛋糕体而更容易产生裂纹。要注意在冷却蛋糕体的时候避免干燥。待蛋糕体降温后，必须盖上与烤盘大小相等的烘焙用纸。此外，卷制时要连同烘焙用纸一起翻面，烘烤面朝下略微静置后，蛋糕体的水分就会向下渗入烘烤面，此时卷制的时候就会变得更容易了。

使用内卷法制作时，遇到最多的问题就是面糊制作。蛋白霜要比使用外卷法制作的时候更坚挺一些，搅拌也要更充分，这一点非常重要。此外，鲜奶油也不要打发过度，否则会变得过硬。当蛋糕体中加入过硬的打发鲜奶油的时候，会拉扯到蛋糕体而造成表面的裂纹。

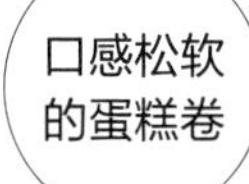

制作时，我虽然建议使用具有适度吸水功能的纸来进行水分调整，但是也可以使用略硬的烘焙用纸，将其裁切成符合烤盘大小的尺寸，重叠使用。一般家用烤箱的下火较弱，使用内卷法制作时，尽量避免因水分向下堆积而造成粘连的现象。

3. 完成蛋糕卷后，左右两端粗细不均，但是此时已经无法重新卷制……有什么方法可以均匀地卷起吗？

当蛋糕体烘烤完成后，如果用肉眼就能看到蛋糕体薄厚不均，那么在涂抹打发鲜奶油的时候，要在蛋糕体较薄的位置多涂抹一些。此时要注意，在卷第一圈、第二圈的时候，请在蛋糕体较厚的部位用力卷起，在蛋糕体较薄的部位轻轻卷起，以此调整整个蛋糕卷的粗细。最后，连同烘焙用纸一起卷起后，也可根据实际情况进行调整。

涂抹打发鲜奶油的时候，要特别注意。虽然人人都想要均匀地涂抹在蛋糕体表面，但是大多数人为了避免鲜奶油溢出，都会下意识地在中间的位置多涂抹些，四周的位置少涂抹些。因此，实际操作的时候，要尽量保持整个蛋糕体上的鲜奶油薄厚一致，特别注意中间不要涂抹过厚。卷制时，10个手指要轻柔地触碰蛋糕卷，避免过于用力按压，要像制作寿司一样轻轻地卷动即可。

4. 分开蛋黄和蛋白时，有一点点混入，这样直接打发可以吗?

制作蛋糕卷用的面糊时，蛋黄一旦混入了蛋白，就会大大削弱其乳化作用，但是不会对成品产生太大的影响。如果蛋白中混入了蛋黄，那么此时蛋白就会无法打发。制作蛋糕卷用的蛋白霜，是在蛋白中添加全部的砂糖后再进一步打发。如果在其中混入了蛋黄，就会因为其中混入了油脂而无法打发。所以，请在分蛋的时候仔细操作。在小容器中将每个鸡蛋打入，再移至盆中会更好。

5. 使用冷却的鸡蛋，还是使用恢复至常温的鸡蛋？

在进行蛋黄和蛋白分离操作的时候，使用冷却的鸡蛋比较好操作。但是，在蛋黄的乳化和利用蛋白进行蛋白霜的制作时，使用恢复至常温的鸡蛋，可以制作出理想状态的蛋糕体。添加粉类后要混拌均匀，最后加入熔化的黄油后也要进行混拌的步骤。加入面粉混拌后的黄油，会因为鸡蛋中的水分而冷却，可能形成分离的状态，所以要多加注意。

6. 打发甘纳许鲜奶油时，颜色略黄，产生好像分离的情况，哪里出错了呢？

请确认冷却方法是否正确。为了使巧克力溶化，会将淡奶油加热煮至沸腾。而产生即将分离的状态，正是淡奶油与巧克力混拌的时候，整体温度下降所引发的。溶化的巧克力如果直接放置，就会产生类似返霜（fat bloom）的情况。

制作时，要边搅拌边使其冷却。冷却的时候，要放在装满冰块的、较大的盆中。待温度降低后，也要不时搅拌，直至材料完全冷却，返霜现象消失，成为具有光泽且黏稠的状态。此时完成的甘纳许鲜奶油会达到理想状态，具有光泽且比较浓稠。放入干净的容器中，盖上保鲜膜，放置在冷藏室中静置一夜。

巧克力中含有的可可脂，会随着温度的上升而浮出表面，冷却凝固时就会呈现出白色粉末覆盖在巧克力表面。使用巧克力和淡奶油制作甘纳许鲜奶油的时候，冷却过程中可能会出现油脂浮现在巧克力上面的情况。

7. 制作抹茶蛋糕或者可可蛋糕的时候，在面粉中添加其他粉类时，不需要减少面粉的用量吗?

抹茶粉和可可粉虽然是粉类，但是并没有面粉与水混拌后产生的面筋。特别是制作蛋糕卷时，使用的面粉量已经非常少了，所以没有必要再减少面粉的用量了。增加抹茶粉或者可可粉等颗粒极小的粉类，并不会减少与面粉结合时的水分量，所以也不会增加如面筋组织般的Q弹口感。

8. 蛋黄的乳化，要打发到什么程度才好呢?

打发程度以打发至颜色变成乳霜色、会粘在打蛋器上的程度为宜。充分乳化的鸡蛋，具有足以包裹蛋白霜的力度。我想说，蛋糕卷中面糊的好坏，完全取决于蛋黄乳化程度的高低。

9. 制作蛋白霜非常耗时，中间可以暂停吗?

因为开始加入的砂糖正在逐渐溶化，如果想要暂停操作，可以在这个时候进行。在打发过程中，需要不断确认打发状态并持续打发。使用打蛋器边搅拌，边舀起确认打发状态。当蛋白霜打发至可以用打蛋器在表面画出线条的程度时即可停止。以上操作，也可以使用手持电动搅拌器完成，待蛋白霜呈现上述状态后，再改由打蛋器不停地搅拌。此时，一边确认蛋白霜的打发状态，一边打发至使用外卷法制作时所需要的“松软浓稠”，或使用内卷法制作时需要的“蓬松强韧”的状态。

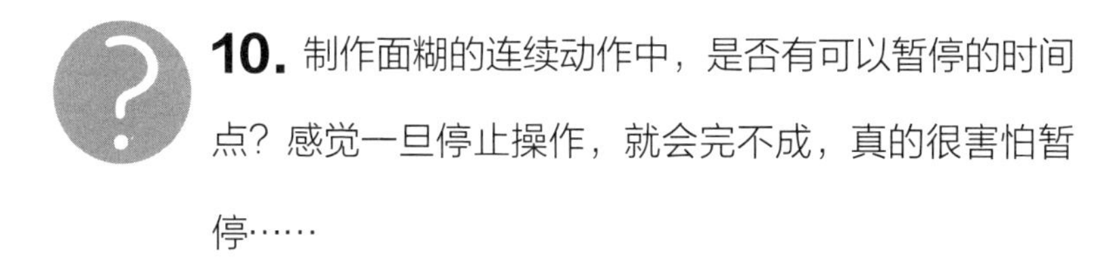

10. 制作面糊的连续动作中，是否有可以暂停的时间点？感觉一旦停止操作，就会完不成，真的很害怕暂停……

将各种材料完全混拌均匀，可以呈现稳定的状态。在打发蛋黄的过程中，或者打发完成后都可以暂停。但是一旦确认蛋白霜完成，就要加入蛋黄充分混拌均匀。只要这个过程不停顿，一气呵成，就可以顺利地制作出理想的成品。之后，加入粉类、黄油等材料，依序混拌均匀即可。面糊倒入烤盘后，请尽可能地用刮板迅速整理表面，然后放入烤箱内烘烤。

11. 制作舒芙蕾中使用的上白糖改为细砂糖，需要调整用量吗？此外，在打发等步骤上，会有什么不同吗？

制作蛋糕卷中使用的蛋白霜时，要使糖类完全溶于蛋白中。因为细砂糖比上白糖更不容易溶化，所以，在细砂糖完全溶化前就开始进行打发，会影响蛋白霜的强度。此外，在烘烤时，也无法散发出上白糖的香气。

用外卷法制作时，使用上白糖所获得的香气和烤色，是使用细砂糖无法获得的。使用细砂糖不容易上色，烤色会比较浅且香气不足。因此，我还是建议最好使用上白糖来制作。

12. 烘烤柳橙蛋糕卷时，会在面糊中加入糖渍橙皮。怎么操作才能避免蛋糕表面出现糖渍橙皮呢?

蛋糕表面出现糖渍橙皮，有可能是混合蛋白霜和乳化蛋黄后，混拌不均匀造成的；或者是蛋白霜被打发过度造成的。即使出现打发过度的情况，但是只要蛋黄包裹住蛋白且充分混拌后，借由两者的结合，一样可以制作出呈现光泽的蛋白霜。

此外，如果添加面粉后没有充分混拌均匀，面糊本身会残留过多气泡，所以完成烘烤后，切碎的糖渍橙皮就会聚集在面糊中。

奶油戚风蛋糕

蛋糕卷起源于戚风蛋糕，二者密不可分，在制作中也常常会出现很多疑问，所以此处拿出来特别说明一下。

在蛋白霜的介绍中已经提及，利用蛋白霜的力道制作出最能抚慰人心的糕点。我个人觉得食用奶油戚风蛋糕会使人心情愉悦。奶油戚风蛋糕顾名思义，比戚风蛋糕多加入了“奶油”，所以改用色拉油制作的时候，香气和烘烤颜色也会随之大幅改变。

制作一般的戚风蛋糕时，为保证其松软口感，大多会使用色拉油制作。因为黄油的特性，随着时间的推移其口感会变硬、变厚重。因为我对黄油情有独钟，希望能够在利用黄油制作出香气十足的戚风蛋糕的同时，还能够保持烘烤出炉后的松软口感，因此，摸索出以牛奶和黄油制作戚风蛋糕的配方。我从戚风蛋糕的失败中，总结出了蛋糕卷的制作秘诀，可以说是意外收获。

奶油戚风蛋糕（直径20cm 的戚风蛋糕1个）

★ 事前准备

· 将粉类过筛备用

★ 面糊

发酵黄油 80g

牛奶 80mL

蛋黄 5 个

蛋白 5 个

上白糖 140g

低筋面粉 100g
泡打粉 1 小匙
盐适量

1. 在盆中放入发酵黄油和牛奶，隔水加热熔化后，保持温热状态备用。
2. 在盆中放入蛋黄并打散，打发至颜色变白且变得沉重。
3. 另取一个较深的盆，放入蛋白，以手持电动搅拌器打发至颜色变白后，分 2 次加入上白糖，制作出具有弹性的蛋白霜。
4. 在步骤 2 的材料中加入步骤 1 的材料后，混拌均匀，移至较大的盆中备用。
5. 将已经过筛的粉类再次过筛，边过筛边加入，直至用打蛋器混拌至产生光泽。
6. 分 2 次加入步骤 3 的蛋白霜，每次加入后，都要用打蛋器仔细地混拌均匀，再改用橡皮刮刀混拌。
7. 将面糊从较高的位置倒入戚风蛋糕模具中，注意此时要避免产生气泡。用竹签混拌面糊，以便排出多余的空气。
8. 放入预热至 180℃的烤箱中烘烤约 30 分钟，烘烤完成后连同模具一起倒扣冷却。待完全冷却后，将抹刀插入蛋糕体和模具之间进行脱模。

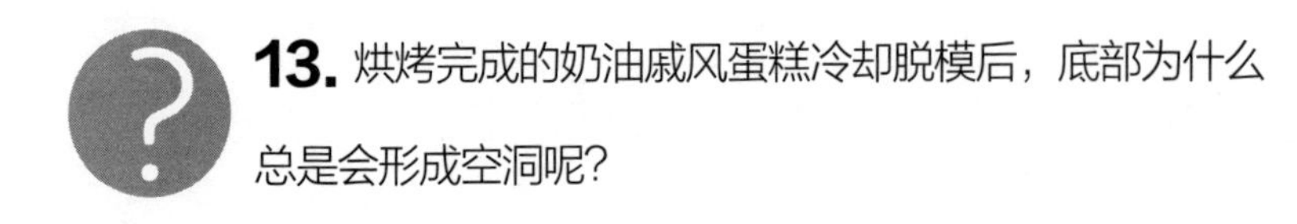

13. 烘烤完成的奶油戚风蛋糕冷却脱模后，底部为什么总是会形成空洞呢?

这应该是蛋白霜与其他材料并没有充分混拌均匀的缘故。在将面糊倒入模型这个过程中，一旦停止操作或者耗费的时间太久，就会使气泡浮起，进而导致倒入模具的时候进入空气。将面糊倒入模具中时，请确认面糊的状态是浓稠的，要避免蓬松。

最后使用竹签均匀地混拌面糊，再放入烤箱内烘烤。

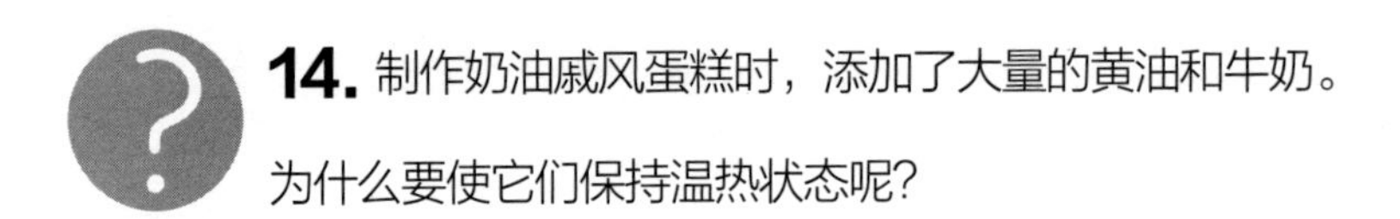

14. 制作奶油戚风蛋糕时，添加了大量的黄油和牛奶。为什么要使它们保持温热状态呢?

黄油和液态油不同，在制作时会因温度过低而凝固。因此，要尽可能地避免面糊冷却，这是制作时的关键。因为要在加入粉类和蛋白霜之前添加黄油和奶油，所以必须要充分保持温热，以便后面的操作。

15. 制作奶油戚风蛋糕时，鸡蛋的大小会对面糊最后的状态产生影响，如果没有大号的鸡蛋，可以增加鸡蛋的数量吗？

我的答案是当然可以。制作戚风蛋糕时，主要用的材料就是鸡蛋。尽可能使蛋白的发泡力和蛋黄的乳化作用发挥到极致，就能制作出口感松软湿润的蛋糕。此外，蛋白的打发程度会决定成品的质量，所以在打发蛋白霜的时候，要特别注意添加砂糖的时间点。

16. 奶油戚风蛋糕无法顺利从模具中取出，抹刀的使用方法有什么诀窍吗？

使用抹刀进行戚风蛋糕的脱模时，要避免破坏蛋糕体，尽量紧贴模具边缘插入抹刀，沿着四周小心地划开。进行底部脱模时，正面朝上，用小刀插入蛋糕体与模具之间，中空部分的转动方向则是与抹刀方向相反，以单手转动模型，使其脱模。

17. 奶油戚风蛋糕烘烤完成时，蛋糕会溢出，这是不是表示制作失败了?

这种情况应该是蛋白霜没有完全与材料融合所造成的。因为制作戚风蛋糕的蛋白霜经过打发后，在添加时要用打蛋器充分搅拌，使其以柔软的状态混拌均匀。使用橡皮刮刀时，如果蛋白霜没有完全与其他材料混合均匀，容易残留在容器上。充分混合的面糊是不会横向扩散的，烘烤后只会向上膨胀。

18. 烘烤完成后，想要保持戚风蛋糕的完美形状，需要如何操作呢?

烘烤完成并降温后，脱去外圈的模具。保持贴合在中央的筒状模具（如图所示）底部朝上放入塑料袋中，避免干燥。静置1~2小时。

底部脱模时，保持蛋糕正面朝上，用抹刀插入蛋糕体与底部模具中间，轻轻划开。中空部分的转动方向与刀滑动的方向相反，以单手转动模具，使其脱模。切开戚风蛋糕时，小心地一边移动抹刀，一边向下用力，注意避免大力按压。

19. 制作戚风蛋糕用蛋白霜时，会分两次加入上白糖。为什么使用上白糖呢？

同细砂糖相比，上白糖更容易溶于蛋白中，可以制作出强韧稳定的蛋白霜。同时，烘烤后能够呈现特殊的香气，可以使烘焙后的成品风味更佳。如果替换成细砂糖，请选用颗粒较细的种类。

以黄油作为主角的蛋糕

蜂蜜蛋糕是我一直都喜欢的糕点，一直没有改变过。在京都的时候，蜂蜜蛋糕被认为是西式糕点，但是在东京学习制作的蜂蜜蛋糕，却被认为是“日式糕点”。到底应该以什么标准来衡量和判定呢？虽然没有定论，但是其中一个重要的因素，应该是是否使用了黄油吧。我从小就觉得，如果蜂蜜蛋糕中能添加黄油就太好了，总想象着添加黄油以后味道会更好。我心中的美味糕点，就是像蜂蜜蛋糕一样松软、滋润、充满黄油香气的蛋糕。这样的蛋糕，充满着用科学了解制作中为什么的乐趣。每一个步骤都有其原因，不同的方法可以做出风味完全不同的成品。如果没有充分理解为什么就进行制作，那么实际上没有理解的问题，就会造成失败的结果，却不知道原因。制作时，不仅要确认放入烤箱前的面糊是否混拌均匀，更重要的是需要了解这些原因，能够从科学的角度理解其中的道理。只有这样，才能在制作的时候完全乐在其中。我有两种制作磅蛋糕的方法，一种是用打发黄油制作磅蛋糕（pound cake），一种是用熔化黄油制作磅蛋糕（quatre-quarts），无论使用哪种方法，都是以黄油为主角。

1. 使用打发黄油制作磅蛋糕（pound cake），制作顺序为黄油、砂糖、鸡蛋、面粉。

所谓的打发黄油，是在加入面粉前才打发完成的乳霜状黄油，使用前要确保其保持在最佳状态。一半黄油充分融入材料后，充分混拌成具有光泽的乳霜状，这种状态是制作磅蛋糕的最佳状态。很多书上都写着“提前从冰箱拿出鸡蛋，使其恢复至室温备用”，我则是主张“以隔水加热鸡蛋并使其保持温热”。黄油与砂糖混拌后，一旦加入温热的鸡蛋，黄油就会缓缓地融入，成为顺滑的结合状态。此外，添加的蜂蜜等食材，也都以隔水加热的方式备用，以便使面糊最后都保持在最佳的结合状态。

请务必牢记，一旦鸡蛋的用量超过黄油的用量，就会产生分离的现象。首先加入半量温热的鸡蛋，混拌至呈现光亮顺滑的状态，再加入剩余鸡蛋的一半并混拌均匀，最后加入剩余的鸡蛋，虽然此时好像处于分离的状态，但是因为蜂蜜等其他材料也是温热的，所以黄油会再次软化并与其他材料结合成具有光泽的面糊。在这个时间点加入粉类混拌，就能完成理想的顺滑面糊。只要按照上面的步骤进行操作，就能制作出不同以往的完美磅蛋糕。

2. 使用熔化黄油制作的磅蛋糕(quatre-quarts)，制作顺序为鸡蛋、砂糖、面粉、黄油。

因为砂糖可溶于鸡蛋中，所以边隔水加热边混合均匀，就可以确保砂糖完全溶化。添加粉类后，最后添加熔化的黄油。黄油的香气可以增添磅蛋糕的风味。在制作磅蛋糕的时候，避免黄油和鸡蛋产生分离，即油脂成分和水分分离。制作时，一方面，借由温热的鸡蛋溶化黄油使其相互结合。另一方面，砂糖和面粉具有结合的作用。操作时，很重要的是要边确认其光泽，边进行后续的步骤，这样制作完成的面糊才能具有光泽。鸡蛋、砂糖、面粉、黄油这4种材料充分结合，就能制作出口感极佳且湿润的美味磅蛋糕。

烘烤出湿润的口感

将4种材料放入烤箱中，想象着磅蛋糕烘烤过程中水蒸气不断释出，成品一定会变得干燥粗糙吧。可能很多人都会这么认为。正因为如此，法国人制作磅蛋糕时，会在烘烤完成的成品表面涂抹上大量的糖浆或洋酒，以此起到补充水分的作用。此外，这么操作也是为了从卫生方面考虑。在西方国家，人们在制作糕点的时候，总是强调完全烘烤、涂刷洋酒、提升甜度、使用大量的黄油……这些都是为了达到防腐的目的而采取的措施。烘烤时，即使水分消失，也能在杀菌和防菌的同时，既烘烤出漂亮的颜色，又增添成品的香气。这种自然手作的美味糕点，就是能够抚慰心灵的美好味道。

快和我一起来制作吧！

含羞草蛋糕（打发黄油）
巧克力大理石蛋糕（打发黄油）
盐味焦糖磅蛋糕（熔化黄油）食谱详见 p.81
朗姆葡萄干玛德琳（熔化黄油）食谱详见 p.82

制作湿润、顺滑面糊的关键在于
准备两种状态的黄油，
借由善用“打发黄油”和“熔化黄油”
制作出质地细腻的完美蛋糕。

口感湿润的蛋糕

含羞草蛋糕（直径18cm 的咕咕霍夫模具 1个）

★ 事前准备

· 用刷子将熔化黄油（用量外）涂抹在咕咕霍夫模具内，放置在冷藏室中备用。
· 将粉类过筛备用。
· 将糖渍橙皮切碎备用。

★ 面糊

黄油 200g
糖粉 150g
鸡蛋 3 个
A 糖渍橙皮 150g
　君度橙酒 20mL
　蜂蜜 30g
　低筋面粉 220g
　泡打粉 1 $^{1}/_{2}$ 小匙

1. 在盆中放入 A 的材料混拌后，隔水加热备用。
2. 另取一盆，放入恢复至室温的黄油，用打蛋器混拌，分多次加入糖粉，打发至黄油呈蓬松柔软的状态。
3. 全单打散后，隔水加热，边用叉子混拌边加温，将步骤 2 的材料分 3 次加入，每次加入后都要混拌均匀。
4. 将步骤 1 的材料加入步骤 3 中混拌均匀后，再换至较大盆中。
5. 将粉类边过筛边加入，用橡皮刮刀如切开般混拌，直至粉类完全消失，出现光泽为止。
6. 在准备好的咕咕霍夫模具中放入高筋面粉（用量外），然后倒扣，去掉多余面粉后，放入步骤 5 的面糊。
7. 以预热至 180℃的烤箱烘烤 15 分钟，降温至 170℃后再烘烤 30 分钟。用竹签插入后，如果粘着面糊，那么就再多烘烤几分钟。

★ 糖浆

水 100mL
细砂糖 100g
君度橙酒 30mL

8. 在锅中放入水和细砂糖，以中火加热煮至沸腾。冷却后取 30mL，加入君度橙酒混拌。
9. 待步骤 7 的成品完全烘烤后，脱模置于冷却架上，趁热用刷子刷上糖浆。

口感湿润的蛋糕

巧克力大理石蛋糕（20cm × 8cm 磅蛋糕模具1个）

★ 事前准备

· 在磅蛋糕模具中铺放烘焙用纸。
· 将粉类过筛备用。

★ 面糊

黄油 140g
糖粉 120g
鸡蛋 3 个
朗姆酒 20mL
蜂蜜 30g
低筋面粉 140g
杏仁粉 40g
盐 1/4 小匙
甜巧克力 40g
牛奶 20mL

★ 其他

白兰地 60mL

1. 在盆中放入甜巧克力和牛奶，隔水加热。待巧克力熔化后，停止加热混合。
2. 另取一盆，放入朗姆酒和蜂蜜，隔水加热。
3. 将恢复至室温的黄油放入另外的盆中，用打蛋器混拌均匀后，分次加入糖粉，打发至材料蓬松柔软。
4. 将鸡蛋以隔水加热的方式，用打蛋器搅散，边混拌边加入盐。全部蛋液分 3 次加入步骤 3 的材料中。每次加入时都要混拌至与黄油完全融合。加入步骤 2 的材料混合均匀后，再换到较大的盆中。
5. 边过筛边加入粉类，用橡皮刮刀如切拌般混拌，直到粉类全部消失，出现光泽。用橡皮刮刀舀起面糊放入步骤 1 的盆中混合均匀，再倒回原来的盆中，较大动作地混拌 2~3 次至形成理想的大理石纹。
6. 将面糊放入预先准备好的模具中，长边横向放置，使中间凹陷、左右两边略高。以预热至 180℃的烤箱烘烤 15 分钟，降温至 170℃再烘烤 30 分钟。用竹签刺入蛋糕内部，如果仍粘着面糊，就再烘烤几分钟。
7. 烘烤完成后，从模具中取出，放置在网架上，剥除烘焙用纸，趁热用刷子刷上白兰地。

黄油的准备

用打发黄油制作磅蛋糕，用熔化黄油制作磅蛋糕。

［打发黄油时］

打发放置于室温的黄油

放置于室温的黄油，仍然会有一定的硬度，要用手持电动搅拌器开始打发。

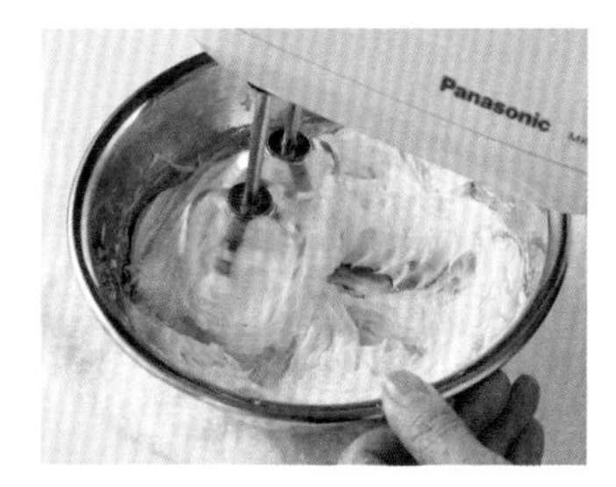

打发至蓬松状态

将黄油打发至颜色变白、膨胀松软、体积变大。（**我所下的功夫 10**）

［熔化黄油时］

将切成骰子状的黄油放入盆中

事先准备好切成骰子状的黄油，然后放入盆中。（**我所下的功夫 10**）

隔水加热使其熔化

隔水加热至沸腾后，转为小火，装有黄油的盆仍然要泡在热水中以保持热度。

20

含羞草蛋糕

用打发黄油制作

磅蛋糕是用打发黄油来制作的。依序加入黄油、砂糖、鸡蛋、面粉，使其结合。

打发黄油，加入糖粉后再打发
分几次加入糖粉，每次加入后都打发至混拌均匀。

打发至蓬松柔软
使其包含空气打发，将黄油打发成蓬松的状态。

将鸡蛋打散，均匀地隔水加热、保温
将蛋液边隔水加热，边用叉子如打发般地混拌均匀。

24

21
蛋液分3次加入
加入保持温热的蛋液的一半量，使其与黄油融合，混拌至产生光泽为止。

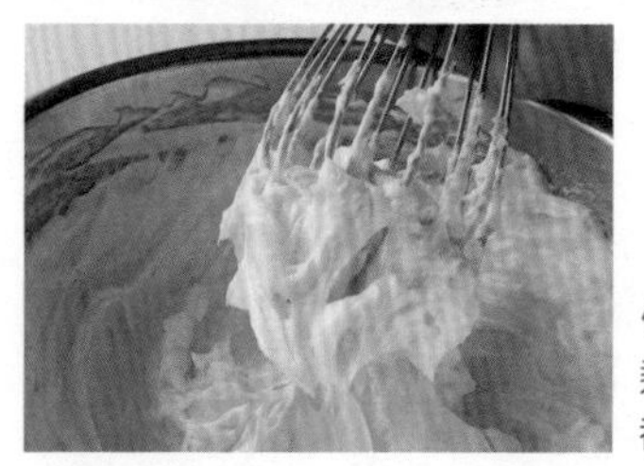

使其结合成具有光泽的乳霜状
剩余的蛋液再分 2 次加入，每次加入以后，都要混拌均匀至产生光泽的状态。

21

借助加入温热的鸡蛋或者糖渍橙皮，使黄油慢慢地变软，进而与其他材料结合成顺滑的状态。

加入了结合甜味的糖渍橙皮，混拌均匀

加入了隔水加热的温热糖渍橙皮后，混拌均匀。

?
27
29
~
31

移至较大的盆中

因为添加了温热的糖渍橙皮，所以黄油会变软，也能实际感受各种材料的融合状态。

一边再次过筛面粉，一边加入材料中

混合颗粒大小不同的粉类时，必须事先过筛备用。

用橡皮刮刀开始混拌

以橡皮刮刀如切拌般混拌，直到黄油等材料与粉类完全融合。

混拌至材料产生光泽

待粉类消失后，用橡皮刮刀翻拌般搅拌，直到面糊具有弹性。

25
26

咕咕霍夫模具是由中央开始受热的，所以能烘烤出口感湿润、入口即化的蛋糕。

在准备好的咕咕霍夫模具中撒入高筋面粉

转动模具使粉类能够均匀黏附在模具内，将模具倒扣在工作台上，去掉多余粉类。

32

整理盆中的面糊，用橡皮刮刀慢慢地舀起面糊

用橡皮刮刀慢慢舀起面糊时，单手倾斜盆体，避免脱落。

将面糊放入咕咕霍夫模具中

用橡皮刮刀舀取面糊，从模具中央开始向外填入。

22

整理表面，以预热至180℃的烤箱烘烤

整理面糊表面，使面糊内低外高，这样可以使整个面糊在烘烤的时候受热均匀。

从模具中取出，放置在网架上，趁热刷上糖浆

取出烘烤完成后的成品，放置在网架上，趁热在表面刷上糖浆。内侧筒状部分也要涂抹。

（我所下的功夫 2）

28
29

面糊制作方法与含羞草蛋糕相同，用巧克力制作出大理石纹。

在盆中放入巧克力和牛奶，隔水加热使其熔化

巧克力熔化后，停止隔水加热，与牛奶充分混合后，放置在室温备用。

制作巧克力面糊

用橡皮刮刀舀起制作完成的面糊，放入装有巧克力的盆中，混拌均匀。

将制作出大理石纹的巧克力面糊放入模型中

用橡皮刮刀多次、大幅度地混拌面糊，制作出大理石纹，将面糊倒入铺好烘焙用纸的模型中。

32

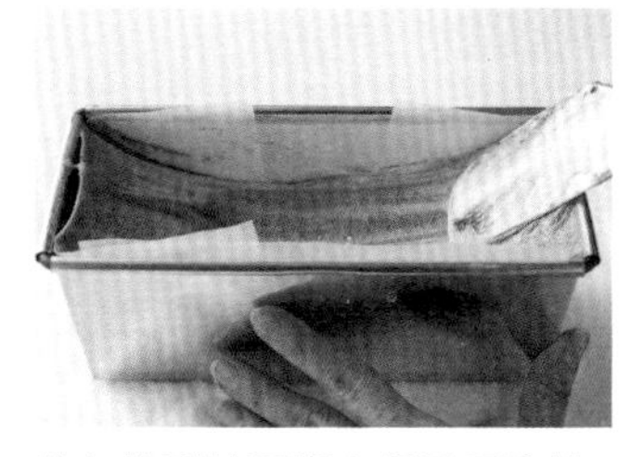

22
23

放入模型的面糊中间呈凹陷状

将模型长边横向放置，使两边略高，面糊中间呈凹陷状。以预热至180℃的烤箱中烘焙15分钟，降温至170℃后再烘烤30分钟。

将成品从模型中取出，趁热涂抹白兰地

烘烤完成后，放置在网架上，剥除烘焙用纸，在表面和侧面涂抹白兰地。

28
29

盐味焦糖磅蛋糕

用熔化黄油制作

磅蛋糕是用熔化的黄油来制作的。依照顺序放入鸡蛋、细砂糖、面粉和黄油，使其完全融合。

溶化细砂糖使其焦糖化
在锅中放入细砂糖和水，以中火将其熔化，煮至水分消失呈现焦糖色。

制作焦糖
待整个材料变为焦糖色、有气泡浮出表面后熄火，加入黄油混拌后，移至盆中备用。

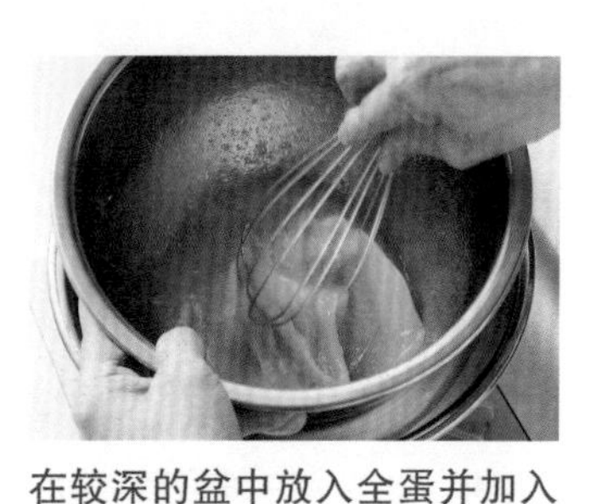

在较深的盆中放入全蛋并加入细砂糖使其溶化
将全蛋和细砂糖混拌后隔水加热，用打蛋器一边混拌，一边使细砂糖熔化。

停止隔水加热，用手持电动搅拌器搅拌
待细砂糖熔化后，停止隔水加热，用手持电动搅拌器将材料打发至蓬松柔软。

移至较大的盆中，加入焦糖
将材料移至另外一个较大的盆中，加入焦糖并混拌均匀。

最后加入熔化的黄油，使黄油的香味融入成品中，增添香气。

再次过筛半量的粉类到盆中混拌
首先，加入半量的粉类，用橡皮刮刀以舀取般地搅拌，直至粉类消失为止。

20

加入半量的熔化黄油，混拌
加入半量温热的熔化黄油，均匀混拌至面糊产生光泽。（**我所下的功夫 10**）

依序加入剩余的粉类、剩余的熔化黄油
熔化黄油混拌后，再次加入剩余的粉类和剩余的黄油，每次加入后都要混拌至产生光泽。

将面糊倒入预热的海绵蛋糕模具中
将面糊倒入已经预热的海绵蛋糕模型中，模具底部与内壁四周都要铺上烘焙用纸，内壁四周的烘焙用纸要高出模型 3cm 左右。

以预热至170℃的烤箱烘烤50分钟，用竹签刺入内部，确认是否完成烘烤
烘烤完成后，涂抹糖浆，降温后再涂抹糖霜，撒上盐之花。（**我所下的功夫 7**）

28
54

朗姆葡萄干玛德琳

添加混合了枫糖浆和朗姆酒的糖煮葡萄干。

混合所有材料，制作酥粒

在黄油中撒上粉类，以指尖揉搓成细粒，使其成为松散的状态。

55

加入糖煮葡萄干，混拌

面糊与“盐味焦糖磅蛋糕”的制作方法相同，加入了用枫糖浆和朗姆酒煮成的葡萄干混拌。

以汤匙舀起面糊，放入纸模中

将纸模放置在玛德琳模具中，放入八分满的面糊，每份面糊重约45g。

57

在上面撒上酥粒和糖煮葡萄干，烘烤

在上面撒上酥粒和糖煮葡萄干作为装饰，以预热至170℃的烤箱烘烤约25分钟。

涂抹白兰地，轻轻地撒上糖粉作为装饰

烘烤完成后，趁热用刷子涂抹白兰地，待成品降温后，置于网架上，撒上装饰的糖粉。

口感湿润的蛋糕

盐味焦糖磅蛋糕（直径18cm 的海绵蛋糕模具1个）

★ 事前准备

· 在海绵蛋糕模具内侧和底部铺放烘焙用纸。

· 粉类过筛备用。

★ 焦糖

细砂糖 60g、水 20mL、淡奶油 60mL

1. 在锅中放入细砂糖和水，以中火加热，待细砂糖熔化并变成浓郁的焦糖色后，熄火，加入淡奶油搅拌均匀。

★ 面糊

鸡蛋 3 个、细砂糖 180g

焦糖 120g（步骤 1 完成的全部量）

| 低筋面粉 180g

| 泡打粉 1 小匙、 盐 1/2 小匙

黄油 180g

2. 在盆内放入黄油，隔水加热后备用。

3. 另取一个较深的盆，放入蛋液搅散后，加入细砂糖隔水加热，使细砂糖熔化。

4. 停止加热，以手持电动搅拌器打发至材料蓬松后，移至较大的盆中，加入步骤 1 的材料，并混拌均匀。

5. 将一半的粉类过筛后，放入盆中，用橡皮刮刀搅拌均匀，然后加入一半步骤 2 的熔化黄油，并混拌均匀。

6. 过筛并加入剩余的粉类混拌均匀，再加入剩余 1/2 的熔化黄油，混拌均匀至面糊产生光泽。

7. 将面糊倒入预热好的海绵蛋糕模具内，以预热至 170℃的烤箱烘烤约 50 分钟。

★ 糖浆

水 100mL、细砂糖 100g

君度橙酒 30mL

8. 在锅中加入水和细砂糖，以中火加热，煮至沸腾。待冷却后，取出 30mL 加入君度橙酒中并混拌均匀。

9. 在步骤 7 烘烤完成之后，将成品脱模取出，放在冷却架上，用刷子趁热刷上糖浆。

★ 糖霜

糖粉 110g、水 15mL、君度橙酒 15mL

★ 其他

盐之花适量

10. 过筛糖粉后放入盆中，加入水和君度橙酒，用橡皮刮刀充分搅拌均匀后制成糖霜。

11. 在已经冷却的步骤 9 的成品表面，涂抹大量的糖霜，趁蛋糕表面尚未全部干燥的时候，撒上盐之花即可。

口感湿润的蛋糕

朗姆葡萄干玛德琳（直径7cm的玛德琳模具12个）

★ 事前准备

· 将纸模装入玛德琳模具中，以适当的间隔摆放在烤盘上。

· 粉类过筛备用。

★ 酥粒

杏仁粉 20g、低筋面粉 20g

枫糖浆 20g、黄油 20g

1. 将所有材料放入盆中，混合搅拌均匀，一边将粉类撒在黄油上，一边用指尖慢慢地揉搓，使其成为松散的颗粒状。

★ 糖煮葡萄干

水 200mL、细砂糖 100g、葡萄干 500g

2. 在锅中放入水和细砂糖，以中火加热至沸腾。加入葡萄干，不时搅拌，直至葡萄干变软。用滤网捞起葡萄干，沥干水分。

★ 面糊

鸡蛋 2 个、细砂糖 100g

| 低筋面粉 120g、杏仁粉 40g
| 泡打粉 1 小匙、盐 1/4 小匙

黄油 120g、糖煮葡萄干 80g（留出 20g 用于装饰，其余切碎备用）

枫糖浆 15g、朗姆酒 15mL

★ 其他

白兰地 50mL、糖粉适量

3. 在盆中放入黄油，隔水加热。

4. 另取一个盆，放入切碎的糖煮葡萄干、枫糖浆和朗姆酒，充分混合后，隔水加热备用。

5. 在较深的盆中放入蛋液，搅散后，加入细砂糖并隔水加热至其完全熔化。然后停止加热，用手持电动搅拌器打发至材料膨胀松软后，再移至较大的盆中备用。

6. 将一半的粉类过筛后加入盆中，用橡皮刮刀搅拌均匀，再加入步骤 3 中一半量的熔化黄油，混拌均匀。

7. 继续加入剩余的粉类并混拌均匀，再加入剩余的熔化黄油并混拌均匀。

8. 将步骤 4 的材料加入步骤 7 的材料中，搅拌均匀，制成面糊备用。

9. 用汤匙舀起面糊，放入预热备用的玛德琳模具中，装至八分满（约 450g/ 个）。然后在上面撒上酥粒和煮熟的葡萄干，作为装饰之用。将玛德琳模具放入 170℃的烤箱中烘烤约 25 分钟，完成后取出模具，放在网架上，用刷子涂抹白兰地。待玛德琳降温后，再轻轻地装饰上糖粉即可。

制作方法问与答

20. 用熔化的黄油制作蛋糕时，隔水加热的温度为多少比较合适？

请使用沸腾的热水进行隔水加热操作。之后可转为极小火，尽可能以热水来保持热度，但是也要注意操作，避免烫伤。以熔化的黄油制作蛋糕的时候，几乎都需要用隔水加热的方式对黄油进行保温操作，直到最后才加入黄油。加入黄油后，需要格外注意，要使黄油与其他材料充分搅拌均匀，使其完全融合，这点非常重要。混拌过程中，要注意保持面糊的温度，避免面糊降温。

21. 制作磅蛋糕时，食谱中经常说分次加入蛋液，但是分次是分几次呢？蛋液全部加入后会出现分离的情况，有什么办法能够使其顺滑地结合呢？

请充分理解“黄油加热后会变软，也会变得更容易连接”这句话。而且我这里需要重点强调的是，在蛋液用量超过黄油的瞬间，会开始产生分离的现象。如果蛋液没有通过隔水加热来保持温度，那么每次添加蛋液的时候就会发生分离的情况。

刚开始的时候，加入半量的温热蛋液，之后再少量多次添加，这样就能够使蛋液和黄油更好地融合。剩余的蛋液，需要分2次添加。蛋液全部加入之后也不用担心，接下来加入的甜味材料只要保持隔水加热，在充分保证温度的情况下进行混拌，就能使各种材料充分且顺利地结合在一起。

22. 用磅蛋糕模具烘烤时，将面糊倒入模具后为什么表面不是平整的，而是中央凹陷的?

将长方形的磅蛋糕模具放入烤箱后，模具的两端会最先开始受热、烘烤。而此时，在肉眼看不到的面糊中央，尚未受热的呈黏糊状的面糊会从两端向中央移动。因此，如果中间较低，移动的面糊就不会溢出来。

以咕咕霍夫模具烘烤时，也请依照同样的方法操作。咕咕霍夫模具的中央是中空的，因此导热性佳，可以烘烤出口感湿润的蛋糕，是我本人十分喜欢的一款模具。

咕咕霍夫模具中间中空的部分和模具一样高，因此面糊可以从模具的外侧开始烘烤出形状，尚未烘烤到的面糊会向中央移动，有可能会进入中间的筒中，使导热性受到影响。所以在将面糊倒入模具后，要使中央的面糊稍微凹陷，周围较高才能解决这个问题。

23. 制作口感湿润的蛋糕时，有什么固定的烘烤方法吗?

虽然有固定的方法，但只要4种材料没有充分融合，用制作而成的面糊就能够烘烤出口感湿润的蛋糕。此外，在烘烤时多下点功夫，放入烤箱后静置一会儿，面糊表面就会开始呈现淡淡的烤色。此时，将同样的另外一个模具倒扣在磅蛋糕模具的上面，就可以使面糊释放出来的水蒸气在其中循环受热。只要这样操作，就可以烘烤出像蒸面包般具有弹性、湿润的成品。

24. 制作磅蛋糕时，为什么蛋液要隔水加热呢? 温热蛋液时有哪些注意事项呢?

鸡蛋中几乎都是水分，冰冷的蛋液不容易与黄油融合，很容易产生分离的现象。所以，用隔水加热的方法温热蛋液后，再混合黄油，就可以利用蛋液的热度使黄油缓慢融入、变软，使之更好地结合。同样，也会更容易结合后面添加的粉类。当黄油和蛋液没有分离并充分结合，呈现出具有光泽的状态时，就可以与粉类混拌。这样烘烤出的蛋糕也会呈现质地细致、口感湿润的特点。

将蛋液放入盆中，用双手缓慢地使其浮在热水之上。将装有蛋液的盆拉向身体一侧，用一只手使其恰好贴近热水盆中，慢慢稳定住，再用叉子边搅拌边隔水加热。即使略微用力也没有关系。虽然在食谱书中经常可见“加热至人体温度”的表述，但是，这样的温度在加入粉类前就会冷却下来，因此最初加入的鸡蛋，应尽可能保持较热的状态，即使是黄油会熔化也没有问题。黄油大部分熔化后会变得柔软且具有光泽，这样可以达到容易混拌的最佳状态，这一点非常重要。

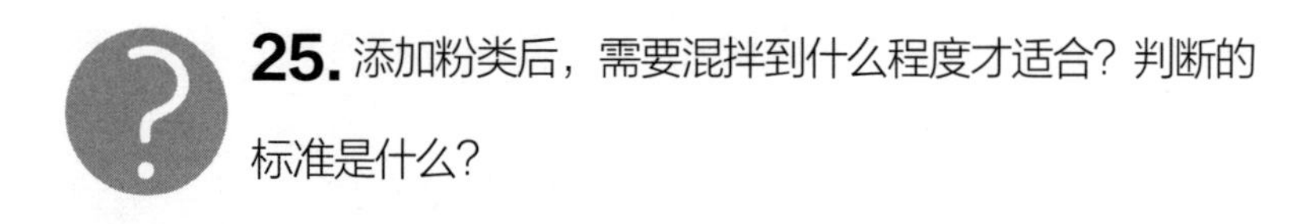

25. 添加粉类后，需要混拌到什么程度才适合？判断的标准是什么？

如果添加粉类之前是具有光滑的顺滑状态，那么请尽可能地揉搓和混拌，制成表面呈现光泽、具有弹性的面糊。我每次在混拌的时候都有一种神清气爽的感觉，我总是希望一直保持这样的感觉。制作蛋糕的时候，每个制作过程都是有原因的，“为什么这么做？”是非常重要的，在不断地制作中练习，就能渐渐理解、接受，同时也会更乐于尝试。

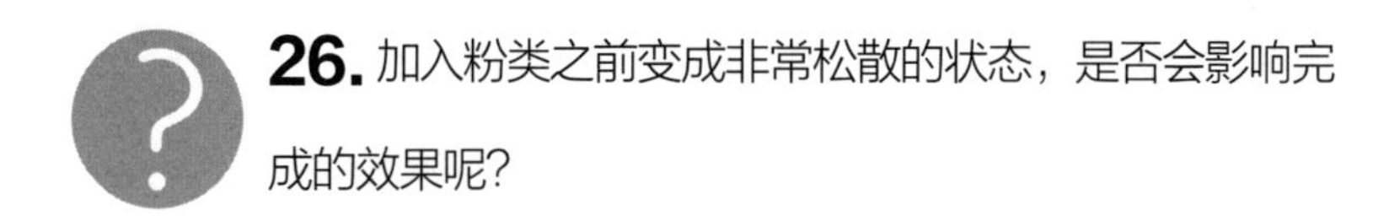

26. 加入粉类之前变成非常松散的状态，是否会影响完成的效果呢？

隔水加热温热的蛋液，虽然有点过于松散的状态，但只要黄油与蛋液混合后没有分离，就不会有什么特别的问题。使用熔化的黄油制作磅蛋糕时，更能感受到黄油的香味。在添加粉类后，经过一小段时间，一旦揉和均匀，就能恢复原来的状态，因此，可以制作出口感极佳的蛋糕。

27. 磅蛋糕的配方中，有些除了砂糖之外，还使用了蜂蜜、麦芽糖、枫糖浆等材料，这样会不会太甜了？

制作磅蛋糕时，使用蜂蜜等甜味材料是为了避免发生分离现象。添加具有热度且具有黏性的材料，是为了在加入全量的蛋液后，能够保持黄油软化的状态和混合后成为具有光泽的面糊状态。在加入大量粉类的糕点中，糖类可以发挥联结作用，但是不会感觉到过于强烈的甜味。

28. 烘烤完成后涂抹酒类或者糖浆，是为了表现出湿润感吗?

不仅仅是因为这个原因，也有防止空气中的细菌由表面渗透的原因。烘烤、涂抹酒类、涂抹高甜度的糖浆、使用大量黄油，这些都有特殊的作用。这样可以使成品更加湿润且有光泽，同时也能品尝到洋酒独特的味道。用加入糖粉的洋酒和水制成的糖霜，也具有同样的效果。除了可以增添风味，也可以呈现出不同于口感粗糙的润泽的蛋糕，更能烘托出美味。

29. 制作蛋糕面糊等操作时，添加的洋酒与完成后添加在用于装饰的糖霜中的洋酒，有什么特殊的要求吗？它们有没有固定的搭配?

此时使用的洋酒必须符合能够增添风味、与材料十分搭配的要求。例如，添加了柑橘类食材（柳橙、杏、桃）的蛋糕，会使用君度橙酒；添加了葡萄干的蛋糕，则会使用朗姆酒。除此之外，还有各种各样的利口酒，但是在以柑橘类水果制作的糕点中，使用范围最广的还是君度橙酒。

与食材搭配使用时，既可以直接添加，也可以与食材混合使用。如果作为装饰，在烘烤完成后使用，则与高甜度的糖浆混合使用，可以缓和酒精的浓度。

30. 混合了干燥的水果或糖渍果皮的面糊，在烘烤完成后，口感会略感粗糙，这是混拌方法有问题造成的吗？

干燥的水果要尽可能地切成细小的颗粒后再添加在面糊中，这样可以调整面糊的质地。如果加入粉类后，混拌不均匀，会使面糊中残留多余的空气，烘烤时会使成品的质地变得粗糙。因为粉类是颗粒，所以边过筛边加入时，会将空气一起带入。混拌时，橡皮刮刀要以切拌的方式搅拌，以便排除空气。4种材料充分结合的面团，在烘烤时细小的气泡会相互结合，因此，如果加入的食材也能呈现同样的状态，那么就会在细小的气泡中结合，调整成质地细腻的糕点了。

31. 烘烤水果蛋糕时，干燥的水果总是会沉到底部。当表面装饰杏、桃、李子等材料后放入烤箱时，总是很快地向下沉。应该怎么操作比较好呢?

干燥的水果容易沉积在底部，所以，在搅拌面糊里面的干燥水果的时候，要使水果与面糊完全混合均匀。此外，要尽可能地将干燥的水果切成细碎的小块后，再添加在面糊中。如果干燥的水果比较大，无法直接添加，可以将其切半后使用。在将面糊放入烤箱10分钟后，再摆放在面糊表面即可。也可以在蛋糕烘烤完成后，表面涂抹镜面果胶以后再使用水果进行装饰。

32. 磅蛋糕的面糊由盆中倒入模具时，会从橡皮刮刀上溢出、掉落，导致无法将面糊顺利放入，此时应该如何操作呢?

惯用手是右手的人，以右手舀取面糊，此时操作犹如将面糊放入手掌般舀取，面糊就不容易掉落了。此时左手略微倾斜地扶着搅拌盆，仿佛将其中的面糊置于右手手掌般操作（惯用手为左手的人则按照相反的方向操作），然后停止右手的动作。如此操作，面糊就不会溢出掉落，制作者能够干净利落地将面糊倒入模具中。

33. 蛋糕、糕点、磅蛋糕、奶油蛋糕，无论哪一种都是使用黄油制作而成的湿润的蛋糕吗?

在日本，蛋糕的名称被广泛地运用于所有西式点心当中。蛋糕与糕点虽然从日文发音上来说，听起来感觉很不同，但是从本质上来说，它们具有相同的意思。只是可能因为个人喜好或者用词习惯的不同，不同的人可能会选择不同的表达方式。蛋糕、糕点、磅蛋糕、奶油蛋糕都是以黄油为主要材料，经过烘烤而成的糕点的总称。我在本书中，是以蛋糕（cake）来表述的。无论使用哪一种表述方式，只要能够传达出自己想要传达的意思即可。

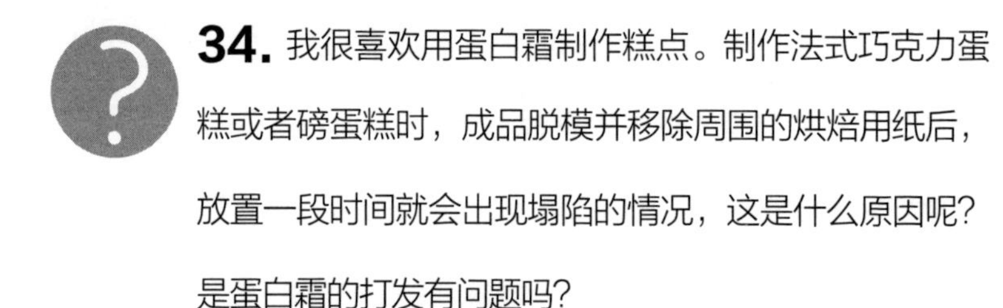

34. 我很喜欢用蛋白霜制作糕点。制作法式巧克力蛋糕或者磅蛋糕时，成品脱模并移除周围的烘焙用纸后，放置一段时间就会出现塌陷的情况，这是什么原因呢？是蛋白霜的打发有问题吗？

出现上述情况，并不是蛋白霜的问题，而是没有制作成具有光泽的面糊所造成的。制作蛋白霜时，最好使用较深的搅拌盆。因为使用打蛋器打发比较费时费力，所以建议使用手持电动搅拌器进行搅拌。打发蛋白时，不要停止打发动作，否则就会产生分离现象，要一气呵成地完成打发动作，就能制作出质地细腻、具有光泽的完美蛋白霜。

35. 用蛋白霜制作磅蛋糕时，烘烤、脱模后稍加放置，成品的中央就会塌陷，这是为什么呢?

发生这种情况，可能是因为蛋白霜的力量太弱，没有足够的力道来支撑油脂较多的面糊。油脂较多的面糊，需要用拥有细腻气泡的蛋白霜来支撑。一般来说，砂糖较多的蛋白霜的组织会更强韧且更稳定。

此外，也可能是成品烘烤时间不足。本书中的烘烤时间仅供参考，除了对照烘烤时间，还需要用竹签插入蛋糕内部以确认烘烤程度。如果拔出竹签后有面糊粘连的情况，那么表示烘烤时间不足，需要继续烘烤。

用蛋白霜制作盐味焦糖磅蛋糕

本书前面介绍了使用全蛋制作盐味焦糖磅蛋糕，但是若改为使用分蛋法制作的蛋白霜来制作这款磅蛋糕，成品会更加蓬松柔软。

制作中蛋白霜需要分2次加入，每次都有其不同的意义。第1次加入蛋白霜是在加入大量粉类的时候，目的是防止粉类与水分结合产生面筋。在蛋糕制作过程中，请牢记，每一个步骤都是为下一个步骤做准备。加入打发的蛋白霜（前一个步骤），是为之后加入的大量粉类做准备（下一个步骤）。蛋白霜包裹着面粉，使面粉直到最后也不能形成面筋组织。第2次添加蛋白霜，是为了能够支撑包括大量粉类的面糊，使其产生蓬松松软的口感。如此使用蛋白霜，在法国人看来是无法想象的。也正因为在日本，才会有如此使用的配方。请大家试着制作这款蛋白霜版的盐味焦糖磅蛋糕，试着体验其中的乐趣吧。

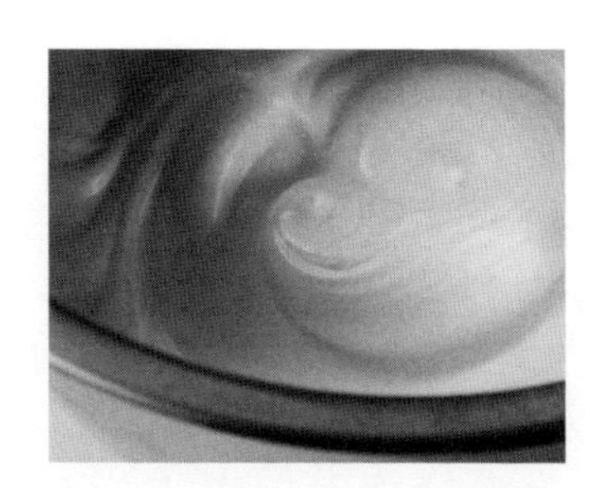

口感湿润的蛋糕

盐味焦糖磅蛋糕（蛋白霜版）

（直径18cm 的海绵蛋糕模具1个）

★ 事前准备

· 在海绵蛋糕模具四周和底部铺上烘焙用纸。

· 粉类过筛备用。

★ 焦糖

细砂糖 60g、水 20mL、淡奶油 60mL

1. 在锅中放入细砂糖和水，以中火加热，待细砂糖熔化、糖水颜色变成焦糖色时熄火，加入淡奶油混拌均匀。

★ 面糊

蛋黄 3 个、细砂糖 60g

焦糖 120g（步骤 1 完成的全部用量）

蛋白 3 个、 细砂糖 120g

低筋面粉 180g、 泡打粉 1 小匙

盐 1/2 小匙

黄油 180g

2. 在盆中放入黄油，隔水加热备用。

3. 在较大的盆中放入蛋黄并搅散，加入细砂糖，打发至颜色变白。加入步骤 1 的焦糖，混合均匀。

4. 另取一个较深的盆，放入蛋白，用手持电动搅拌器打发，细砂糖分 2 次加入，制作成具有较强弹性的蛋白霜。

5. 用搅拌器舀起一勺步骤 4 的蛋白霜，加入步骤 3 的材料中混拌，过筛半量的粉类至盆中，用橡皮刮刀混合搅拌均匀。

6. 加入步骤 2 中一半量的熔化黄油，用橡皮刮刀混拌均匀，依序加入剩余的粉类、黄油混拌后，最后加入剩余的蛋白霜，混拌至面糊均匀。

7. 将面糊倒入准备好的海绵蛋糕模具中，以预热至 170℃的烤箱烘烤约 50 分钟。

★ 糖浆

水 100mL、细砂糖 100g

君度橙酒 30mL

8. 在锅中放入水和细砂糖，以中火加热，煮至沸腾。待冷却后，取出 30mL，加入君度橙酒并混拌均匀，制作成糖浆。

9. 步骤 7 烘烤完成后，脱模，取出放在冷却架上，趁热以刷子涂抹糖浆。

★ 糖霜

糖粉 110g、水 15mL、君度橙酒 15mL

★ 其他

盐之花适量

10. 将糖粉过筛，加入水和君度橙酒，用橡皮刮刀搅拌均匀，制作成糖霜。

11. 在步骤 9 已降温的成品表面涂抹大量的糖霜，趁表面尚未干燥时，撒上盐之花。

没有边缘的挞

一说到挞，大家首先想到的一定是使用甜酥面团制作成圆形、四周边缘高高隆起的外形。但是，我有时候觉得这种高高隆起的四周非常碍事。如果选择使用环形模具，就能获得边缘没有高高隆起的挞。此时，杏仁奶油馅直接接触金属模具，经过完全烘烤，就能制作出香气扑鼻、口感湿润的挞。这又是从失败中获得的一道美味食谱。成品出炉后，大口咬下去，口感湿润温和，底部的甜酥面团更加酥脆，美味无比。酥松的挞皮搭配香气四溢的杏仁奶油馅，呈现出轻盈润泽的口感，更能突显底部甜酥面团的酥脆。

奶油馅料搭配上层摆放的食材，变化无穷，使人乐在其中。我个人十分钟爱摆放上糖煮干燥水果的老奶奶挞。这款挞是从法国料理中获得的灵感。将颜色各异的食材摆放在中间，老奶奶风格的家庭料理，以挞的形式展现。这款挞，很适合搭配朗姆葡萄干碎杏仁奶油馅，完成时，再撒上炒香的芝麻，可以按照自己的想象随意发挥，这个过程充满了乐趣。只要制作出基本的甜酥面团和杏仁奶油馅，就能在圆形的挞皮上，呈现出自己心目中想象的挞，请试着做做看吧！

底部的甜酥面团

空烧的甜酥面团，就像饼干一样会有很多细小的孔洞，因此很容易吸附湿气和气味，进而导致酥脆口感消失。例如，使用巧克力或者覆盆子等具有强烈气味的材料制作而成的慕斯，放在冷藏室中就会使气味转移。因此，不要将挞放入冷藏室内，要放置在常温并尽快食用完毕。

此外，制作甜酥面团时应该注意，在黄油中加入糖粉混合时，要避免多余的空气进入。大量的面粉具有结合鸡蛋的作用，借由正确地混拌，才能在烘烤时呈现酥脆的口感。最后再添加杏仁奶油馅烘烤。此时，已经在烤箱中熔化的黄油、砂糖和杏仁的香味，完全被细小的孔洞所吸收，进而形成风味极佳、口感酥脆的挞。空烧的甜酥面团也能增加整体的风味。

铺在底部的杏仁奶油馅

杏仁奶油馅和磅蛋糕，同样是用4种材料等量制成。虽然比例相同，但是制作方法直接决定着成品的好坏。杏仁奶油馅是将磅蛋糕的面粉置换成杏仁粉，熟知材料的特性，就能制作出想象中的糕点。在法国，制作方法是将4种材料放入盆中混拌，虽然制作非常简单，但是我在品尝的时候，却完全能感受到其中的美味。在湿度较高的东京，即使使用相同的制作方法，也无法复制这种味道。制作的成品常常会让人觉得太甜、太油、口感厚重。因此，我在这个配方上下了很大的功夫进行改良！杏仁奶油馅和磅蛋糕的制作一样，黄油和鸡蛋结合呈现光泽后，再添加杏仁粉混拌烘烤，如此就能制作出口感湿润温和的成品。

为了增加变化，可以添加朗姆葡萄干或者樱桃果酱，还可以添加栗子泥或者白豆沙馅，除了能够增加温润口感外，还能使成品更加松软，做出如日式糕点般口感的挞。

组合变化

摆放在挞上的干燥水果和坚果，只要多一道工序就能使美味更突出。干燥水果经过糖煮后会变软，口感更好。坚果则需要事先烘烤出香气，更适合搭配用杏仁粉制作的杏仁奶油馅一起使用。确定了摆放在挞表面的食材后，再寻找能够和其完美搭配的、用于混拌至杏仁奶油馅内的食材。不断地调整尝试搭配组合，是制作挞时最大的乐趣。混拌在杏仁奶油馅当中的食材，请尽可能地切成细碎状。烘烤完成的杏仁奶油馅质地细腻，与制作的蛋糕一样柔软。因为坚果是摆放在杏仁奶油馅表面进行烘烤的，而杏仁奶油馅烘烤时会释放水蒸气，所以很容易无法烤出坚果的香味。为了避免此类情况发生，需要事先把摆放在挞表面的坚果烤出香气。没有边缘的杏仁奶油馅挞，切开后能呈现完美的造型，因此可以制作出各种口味的挞，然后拼成综合挞类。

那么一起来制作吧！

乡村苹果挞

老奶奶挞 食谱见 p.113

用环形模具烘烤没有边缘的挞。
一口咬下去，独特的口感耐人寻味。
感觉底部的甜酥面团更加酥脆，
美味再升级。
想要烘烤出挞皮酥松的口感，
绝对不能忘记混拌方式的重要性。

口感
酥松的挞

乡村苹果挞（直径18cm 的环形模具1个）

★ 事前准备

· 粉类过筛备用。

★ 肉桂风味的酥粒

杏仁粉 30g、低筋面粉 30g
肉桂粉 1 小匙、三温糖 30g、黄油 30g

1. 在盆中放入所有材料，混拌均匀，一边将过筛好的粉类撒在黄油上，一边用指尖轻轻地揉搓，使其成为松散的颗粒状。

★ 苹果酱

苹果 1 个（大）、细砂糖 20g、葡萄干 30g

2. 苹果去皮去核，切成 16 等份的块状。放入盆中并加入细砂糖混拌。移至锅中以中火加热，煮至苹果全部受热均匀后转为小火，熬煮至水分收干后，加入葡萄干并混拌均匀。

★ 甜酥面团（方便制作的分量）

黄油 120g、糖粉 100g、鸡蛋 1/2 个
香草油适量、低筋面粉 200g

3. 在盆中放入恢复至室温的黄油，糖粉分两次加入，用橡皮刮刀充分搅拌均匀。
4. 加入蛋液和香草油混拌后，移至较大的盆中。
5. 将低筋面粉过筛到盆中，使材料充分结合后，混拌成团，包裹保鲜膜后，放冰箱中至少冷藏 1 小时。
6. 将步骤 5 的材料放在撒上面粉的工作台上，重新揉和后，取 180g 的面团，用擀面杖擀压成厚 3mm 的面皮。将面皮铺在放有烘焙用纸的烤盘上，以环形模具按压，除去多余的面团，刺出孔洞。连同环形模具一起放入预热至 180℃的烤箱中，空烤约 15 分钟后，直接拿出放置降温。

★ 杏仁奶油馅

黄油 60g、糖粉 60g、鸡蛋 1 个
朗姆酒 5mL、香草油适量、
杏仁粉 60g、低筋面粉 10g

7. 在盆中放入恢复至室温的黄油，糖粉分多次加入，将黄油打发至柔软蓬松的状态。
8. 蛋液分两次加入，混拌均匀后，加入朗姆酒和香草油，以增添香味。
9. 将粉类筛入盆中，用橡皮刮刀以切拌的方式混拌均匀。

★ 其他

细砂糖适量、糖粉适量

10. 在步骤 6 中已经降温的模具中，平整地放入步骤 9 的杏仁奶油馅。
11. 边缘预留 2cm 的位置，将步骤 2 的苹果全部铺放在表面，接着再均匀放置步骤 1 的酥粒，撒上细砂糖。以预热至 180℃的烤箱烘烤约 35 分钟。
12. 烘烤完成后去掉环形模具，待成品降温后轻轻筛上糖粉即可。

准备食材

可以享受干燥水果或坚果等不同口味，体验多种风味变化的制作乐趣。

[乡村苹果挞]

制作酥粒

在等量的杏仁粉、低筋面粉、三温糖、黄油中添加肉桂粉后混合均匀。

完成肉桂风味的酥粒

一边将粉类撒在黄油上，一边用指尖轻轻地揉搓，使其成为松散的颗粒状。在挞的表面撒上大量的酥粒。肉桂风味的酥粒和糖煮苹果是绝配。

制作苹果酱

在切成块状的苹果中加入细砂糖，熬煮至水分收干后，放入葡萄干。

[老奶奶挞]

制作糖煮干燥水果

将干燥的杏、桃、无花果（对半切开）、黑李用糖浆煮至柔软。在挞的表面摆放上糖煮干燥水果之后，再将烤香的杏仁果或者榛果埋在糖煮干燥水果的空隙中。（**我所下的功夫 7**）

1.面糊（制作甜酥面团）

作为挞基底的甜酥面团，在混拌黄油和糖粉的时候，必须避免拌入多余的空气。

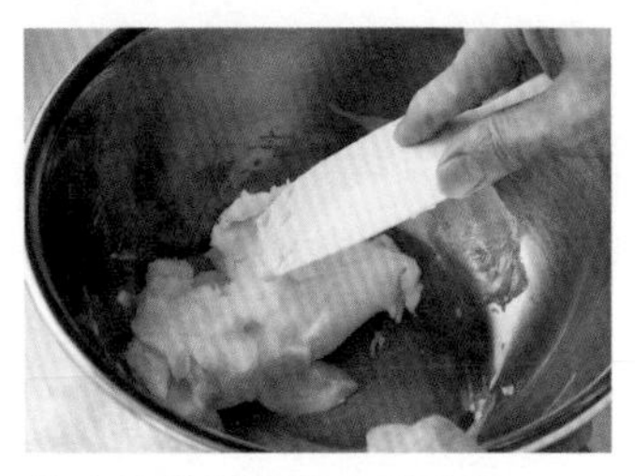

黄油呈柔软的膏状后混拌
将黄油放入盆中，置于室温软化后，混拌至柔软并呈现光泽。

分2次加入糖粉
充分混拌成膏状后，分 2 次加入糖粉。

以避免拌入多余空气为方式混拌
用刮刀进行混拌黄油和糖粉的时候，每次都要尽量避免拌入空气。

39

加入蛋液和香草油
一起加入蛋液和香草油，用刮刀先以切拌的方式混拌均匀。

混拌后，移至较大的盆中
混拌至蛋液完全融合。要注意，过度混拌会拌入多余的空气。

通过充分混拌，制作出酥脆的口感。使用大量面粉，是为了能够充分结合蛋液。

加入过筛的低筋面粉

面粉量比较大，需要过筛后分 2 次加入，这样更方便后面步骤的操作。

切拌般混拌

达到松散的状态即可。

少量逐次地压拌面粉，使其混拌均匀

使用橡皮刮刀少量逐次地按压搅拌盆底部，揉搓至粉类消失即可。

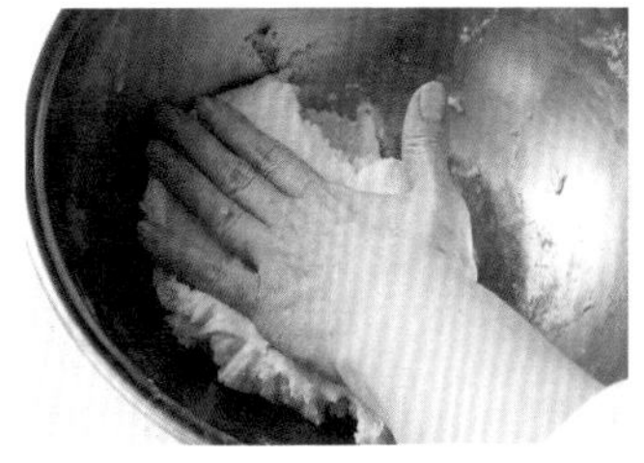

整理面团

将面团整理至不再粘手。

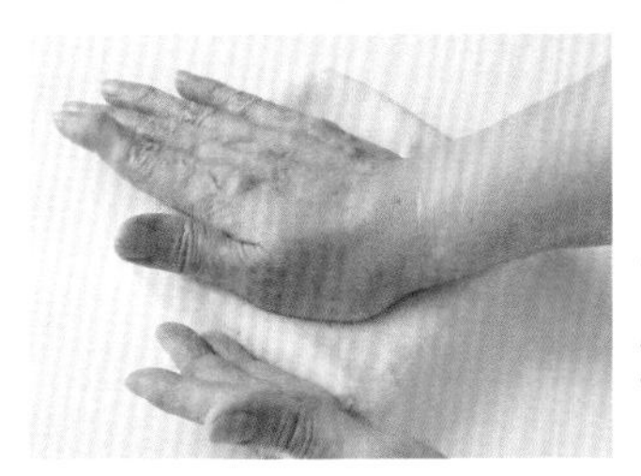

包裹保鲜膜，放入冷藏室

用保鲜膜包裹面团，按压面团的 4 个角使空气排出，将面团整理成四边形，放在冷藏室中静置 1 小时以上。

2.整形（空烧甜酥面团）

用环形模具烘烤甜酥面团，二度烘烤可以强化风味。

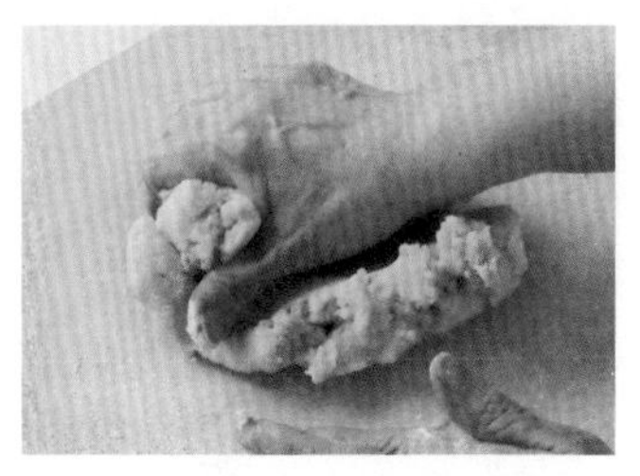

重新揉搓静置于冷藏室的面团
将面团放在撒有手粉的工作台上，再次整合，揉搓至面团变软。

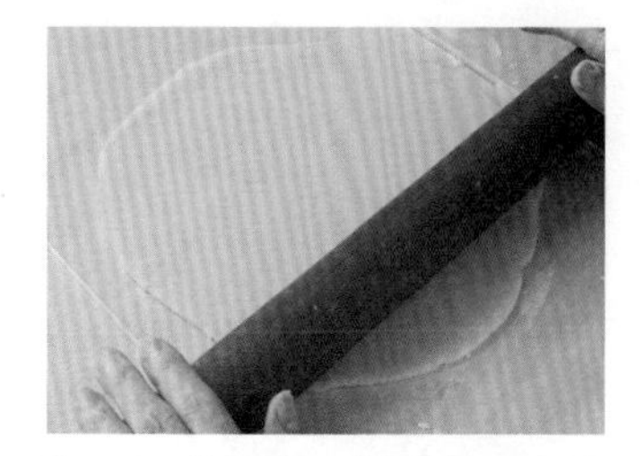

取180g的面团，擀压成3mm厚的圆饼
取出180g的面团，放置在撒有手粉的工作台上，擀压成厚度为3mm的圆饼。

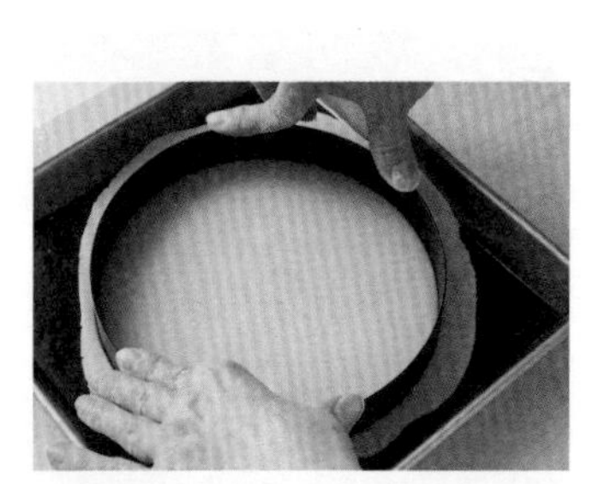

以环形模具按压，去除多余的面团
将面团放在铺有烘焙纸的烤盘上，从上方压入环形模具，除掉四周多余的面团。

用叉子戳出孔洞后，放入烤箱
面团遇到高温熔化后的黄油会浮起，所以需要用叉子在饼面上戳出孔洞。

烘烤完成后放在网架上冷却
连同模具一起放入预热至180℃的烤箱烘烤15分钟，取出后，直接放在网架上冷却即可。

36

3.制作奶油馅/杏仁奶油馅

使黄油中包含空气，与蛋液充分结合成具有光泽的状态。

在打发的黄油中加入糖粉

糖粉分几次加入，每次加入后，都打发至使其包含空气的蓬松状态。

? 39

分两次加入蛋液

开始的时候，加入一多半的蛋液，用搅拌器充分搅拌出光泽，这是制作的重点。

加入朗姆酒和香草油，以增添风味

加入剩余的蛋液、朗姆酒和香草油，混拌均匀。

将过筛的粉类加入搅拌盆中

以切拌的方式，使粉类和黄油大致混拌后，再慢慢地混拌均匀。

制成充满光泽的奶油馅

用橡皮刮刀以揉搓的方式按压，直到制成充满光泽的奶油馅。

4.正式烘烤/组合烘烤

顶部摆上与苹果最为搭配的肉桂风味的酥粒，经过烘烤后呈现酥脆的口感。

在3上放入杏仁奶油馅
在空烧并冷却后的挞底放入制作好的杏仁奶油馅。

将杏仁奶油馅均匀地推开，覆盖整个表面
用橡皮刮刀将杏仁奶油馅推开，使其均匀地覆盖在整个挞的表面。

用刮板整理
用刮板沿着模具的四周，慢慢地平整杏仁奶油馅的表面。一只手整理表面，另一只手反方向转动模具，就能漂亮地完成。

38

顶部摆放苹果酱并整理平整
将制作好的苹果酱摆放在中间，用叉子推平并整理平整即可。

摆放上酥粒并轻轻撒上细砂糖
最后摆放上大量的肉桂风味的酥粒，轻轻地撒上细砂糖，以预热至180℃的烤箱烘烤约35分钟。

37

4.正式烘烤/组合烘烤

可以品尝到添加了朗姆葡萄干的奶油馅和煮至柔软的风干水果的独特风味。

加入切碎的朗姆葡萄干
在制作完成的杏仁奶油馅中加入切碎的朗姆葡萄干，制成风味独特的奶油馅。

47

制成添加了朗姆葡萄干的杏仁奶油馅
用橡皮刮刀将馅料混拌均匀，请注意不要混拌过度。

将馅料放入挞模中
放入步骤与“乡村苹果挞”相同。

45

顶部摆放糖煮干燥水果
将糖煮干燥水果均匀地平铺在顶部。

在空隙处添加坚果
在空隙中放入烤香的坚果。这样操作，既能防止杏仁奶油馅浮出表面，又能增加成品的丰富口感。

45
58

5.完成

完成后，脱模，冷却后即可享用。

[乡村苹果挞]

烘烤完成后，脱模
趁热脱模。带上手指可以活动的隔热手套，更方便操作。

降温后移至网架上，筛上糖粉
刚脱模后，挞仍有热度，此时底部仍是比较软的尚未定型的状态，应待其完全冷却后，再将其移至网架上，并筛上糖粉。

[老奶奶挞]

? 53

降温后置于网架上，在表面刷上杏桃镜面果胶
将镜面果胶放入马克杯中，用微波炉加热至变软后，再用刷子仔细涂抹。

表面撒上炒香的芝麻
在镜面果胶尚未风干时，在表面撒上炒香的芝麻。

口感
酥松的挞

老奶奶挞（直径18cm 的环形模具1个）

★ 预备步骤

· 粉类过筛备用

★ 糖煮干燥水果

干燥水果（杏桃、无花果、黑李子）约300g、细砂糖 100g、水 200mL
香草荚 1/2 根

1. 在锅中放入细砂糖和水，加热至沸腾后，放入干燥水果和香草荚。此时要不停地搅拌，直到煮至水果变软后，离火，冷却并沥干水分。

★ 朗姆葡萄干

糖煮葡萄干（请参照 p.82“朗姆葡萄干玛德琳”的做法）40g
朗姆酒 15mL

2. 盆中放入糖煮葡萄干，加入朗姆酒，盖上保鲜膜静置约 30 分钟，切碎备用。

★ 甜酥面团（方便制作的分量）

黄油 120g、鸡蛋 1/2 个
香草油适量、低筋面粉 200g

3 ~ 6 的做法与乡村苹果挞（p.104）步骤相同。

★ 朗姆葡萄干杏仁奶油馅

黄油 60g、糖粉 60g、
鸡蛋 1 个、香草油适量
| 杏仁粉 60g、 低筋面粉 10g
朗姆葡萄干 40g（步骤 2 完成后的全部量）

7. 在盆中放入恢复至室温的黄油，分数次加入糖粉，打发至蓬松状态。
8. 分两次加入蛋液，混拌均匀后，加入香草油以增加香味。
9. 将粉类过筛至盆中，用橡皮刮刀以切拌般混拌后，再加入步骤 2 中切碎的朗姆葡萄干。

★ 其他

坚果（烘烤过的杏仁、榛果）适量
杏桃镜面果胶适量
炒香的白芝麻适量

10. 在空烧并降温后的挞皮上，平整地放入步骤 9 的材料。
11. 将步骤 1 制作的糖煮水果均匀地平铺在挞的表面，中间放入坚果，以预热至180℃的烤箱烘烤约 35 分钟。
12. 烘烤完成后去除环形模具，降温后在表面涂抹杏桃镜面果胶，撒上炒香的白芝麻。

制作方法问与答

36. 甜酥面团空烧时，因为还有第二次烘烤，所以是否只要表面有淡淡的烤色即可？

虽然经过两次烘烤，但是如果空烧时没有烘烤完全，成品很难达到酥脆的口感。特别是挞的上面还会加入杏仁奶油馅，在烘烤的过程中会释放水分，考虑到整个因素，还是必须烘烤完全。底部表面烘烤颜色过深也没有关系，因为制作过程中需要放置大量的奶油或者坚果，所以即使烘烤颜色过深，也不会感觉到苦涩。

37. 挞的中间部分很难受热，成品取出后容易出现收缩现象，应该如何处理呢？

烤箱的温度会通过金属的环形模具迅速传导，会从杏仁奶油馅的周围开始凝固，水分会向中央集中。即使周围烘烤至散发出香气，中央并没有完全烤熟，还是需要一段时间。为了使整个挞均匀受热，需要下点功夫，就像烘烤糕点一样，可以在过程中覆盖上相同大小的烤盘。这样操作，可以锁住水蒸气，使整个挞处于蒸烤状态，使其受热均匀。这样烘烤后的成品，口感更为湿润。

38. 如何才能平整地铺放杏仁奶油馅？操作时中间部分总是会隆起，怎样才能使其平整？

放平刮板，将摆放在中央的杏仁奶油馅推向边缘，然后立起刮板，轻轻摊开奶油馅。此时，用单手将烤盘反方向转动，利用左右手的平衡，使奶油馅不再堆积在挞的中央。制作时要使边缘较高，中间较低，最后再使用刮板将表面整理平整即可。

39. 在制作甜酥面团和奶油馅的时候，奶油要如何处理呢？操作上各有什么不同之处呢？

烘烤甜酥面团时，因为会形成孔洞，所以更易吸收湿气。因为成品酥脆、容易损坏，所以在制作的时候混入了糖粉，目的是避免拌入多余的空气，此时不需要打发，只需要柔和地混拌即可。

制作杏仁奶油馅的奶油时，需要一边添加糖粉，一边使其饱含空气般地进行打发，重要的是使其成为容易与后面添加的蛋液相结合的状态。这两种操作方法完全不同。

40. 在甜酥面团整形后，是否和派皮面团一样，需要在冷冻室静置呢？立即烘烤会导致面团收缩吗？

甜酥面团是在面粉中混合黄油后制作而成的，一旦进行烘烤，黄油会横向扩散，因此不会像派皮面团一样，发生收缩的状况。但是如果过度烘烤，也会发生饼皮收缩的情况。将其放在冷藏室或冷冻室静置一段时间，可以方便后续步骤的操作。另外，不要忘记用叉子刺出孔洞，以方便制作过程中的水蒸气能够顺利排出。

41. 杏仁奶油馅可以一次多做些，放在冰箱存放备用吗？

杏仁奶油馅制作完成后，如果放入冷藏室保存时，蛋液会向下移动，形成分离的状态。杏仁奶油馅中的其他材料，也会随着时间的推移产生变化。如果需要冷藏保存，请在使用前先将其置于室温，然后充分混拌后再使用。蛋液冷却后容易产生分离状态，建议尽可能将杏仁奶油馅铺上在空烧后的挞皮上，然后再冷冻保存。

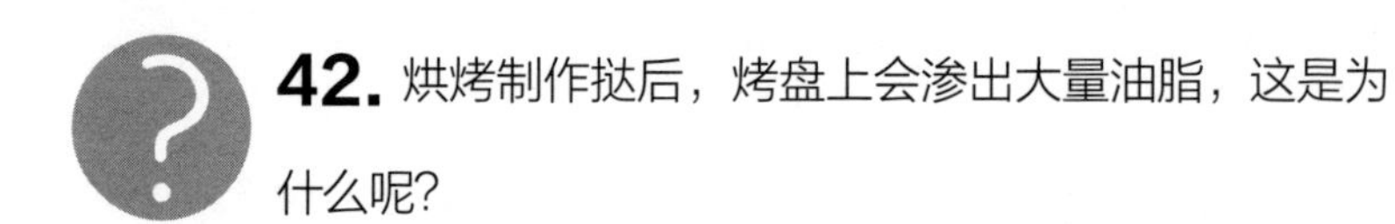

42. 烘烤制作挞后，烤盘上会渗出大量油脂，这是为什么呢?

制作杏仁奶油馅时，一旦黄油和蛋液分离，操作时就会有油脂渗出。杏仁奶油馅中使用的粉类几乎都是用杏仁磨成的粉，一旦加热，就会与黄油同时释放出坚果的油脂。杏仁奶油馅的制作过程与蛋糕面糊相同，所以请在黄油与蛋液结合成具有光泽的状态下，再添加杏仁粉。

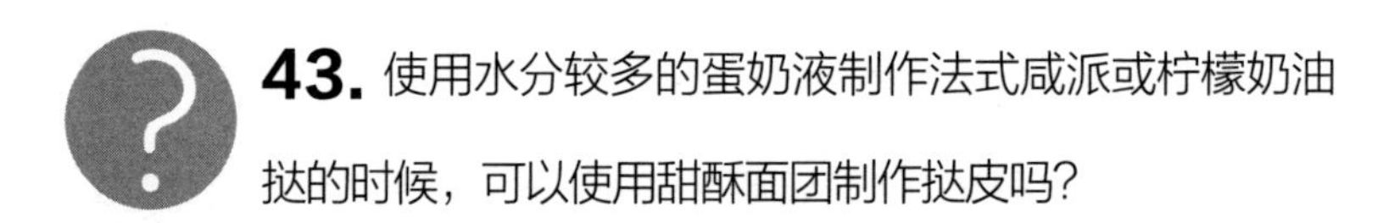

43. 使用水分较多的蛋奶液制作法式咸派或柠檬奶油挞的时候，可以使用甜酥面团制作挞皮吗?

甜酥面团是以黄油揉和而成的面团，所以烘烤完成的挞皮，具有很多的小孔，水分较多的蛋奶液会渗入其中，烘烤凝固前会再次回到面糊上，导致烘烤成品口感不佳。

因此，建议使用非黄油制作的酥脆挞面团（pâté brisée）或折叠派皮面团（pâté feuilletée）。

44. 因为挞上摆放了丰富的食材，所以烘烤完成后很难切开，有什么可以漂亮切分的方法吗?

在烘烤完成的挞的表面涂抹镜面果胶，要尽可能地均匀涂抹。待挞的表面干燥后，用浸泡过热水的小刀切分。切割的时候，要将刀尖直立起来，从挞的中央开始向外，呈放射状地划出痕迹。然后，用刀刃抵住中间的位置，沿着已经划出的线条插入小刀，由上向下按压般切割。这样操作，就能漂亮地完成挞的切分。

45. 烘烤挞时，杏仁奶油馅表面摆放的洋梨或者栗子总会塌陷，是什么原因呢?

在杏仁奶油馅制作过程中，很重要的一步就是将粉类混拌后，还要继续揉和混拌。放入烤箱进行烘烤的时候，揉和整合过的材料会释放出水蒸气，变成气泡状。因此，摆放在挞表面的材料会塌陷。添加杏仁粉后，为排出多余的空气，需要揉和混拌材料，这样才能避免食材塌陷，顺利完成烘烤。

此外，在放入挞的杏仁奶油馅上摆放的糖煮水果或栗子，如果集中放在同一个位置时，会失去平衡，所以需要均匀摆放。也可以将其切碎后，再均匀地分布在挞的表面，这才是制作的秘诀。

46. 空烧的甜酥面团，收缩成比环形模具更小的成品，是面团的制作问题还是烘烤的问题？这种情况下，还可以直接铺入杏仁奶油馅吗？

这种情况，应该是烘焙后造成的成品收缩现象。面团在整形过程中，多次加入手粉（高筋面粉），面粉用量增加的同时，随着每次的揉和混拌，面团中会产生面筋组织，所以在烘烤时面团会产生收缩现象。当然，也有可能是因为过度烘烤而造成的收缩现象。但是，烘烤至表面呈现金黄色的色泽，能更好地引出成品的香气和风味。此外，因为在表面会摆放杏仁奶油馅，在烘烤成形后，也会或多或少地从环形模具的间隙中流出。但是请不用担心，连同收缩产生的间隙一起用杏仁奶油馅填满吧。

47. 杏仁奶油馅中添加朗姆葡萄干混拌时，会突然变得松散，这是由混拌过度造成的吗?

首先，请均匀混拌杏仁奶油馅后，再添加朗姆葡萄干。此时，也要用刮刀柔和地使其混拌均匀，并且将朗姆葡萄干尽可能地切成极小的颗粒，然后再加入其中揉和混拌。以切拌方式混拌或者过度混拌，都可能造成上述情况。

48. 制作杏仁奶油馅时的杏仁粉配方中，有的会添加面粉，有的则仅使用杏仁粉，二者有什么不同吗?

杏仁奶油馅是由黄油、砂糖、鸡蛋和杏仁等量混拌而成的。杏仁粉与面粉不同，烘烤时会产生坚果的香味，但同时也会释放出较多的油脂。如果在其中添加面粉，就会吸收油脂并与其他材料结合，使烘烤后的成品口感湿润。夏天制作挞时，如果感觉油脂太多，可以适当添加粉类改善口感。

第三章

关于材料和器具

需要花费时间和精力

1.准备2个盆，分开使用

混拌黄油或者乳化黄油时，需要用小巧的盆进行操作。制作时，可以通过增加转速来达到打发的效果，之后再转移至较大的盆中，以便于添加粉类后，更好地混拌。如此操作，就能获得理想的面糊了。

2.同隔热手套相比，5个手指分开的手套更利于操作

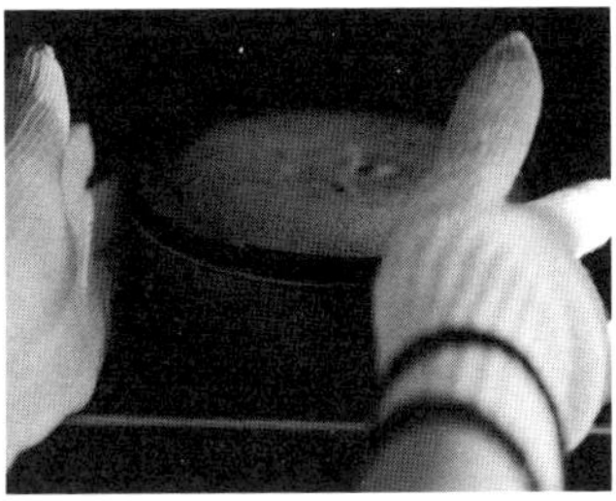

从烤箱中取出烤盘、模具时，建议使用5个手指分开的手套。如果觉得烫，可以多戴几层，这样就不会觉得热了。这种手套的优点是手指可以灵活自由动作，能够顺利取出烘烤后的成品。如果使用隔热手套，就很难取出咕咕霍夫模具。

3.使用咕咕霍夫模具前的准备步骤

为了使蛋糕可以漂亮地脱模，会事先在模具中涂抹黄油，撒上粉类后放入冰箱冷藏备用。用刷子将乳霜状的黄油均匀地涂抹在模具表面和内侧，如此面糊烘烤后，就可以顺利取出。

4.关于布巾（拭巾）

在准备充分的条件下，认真仔细地进行每一个动作，才能呈现出完美的糕点。手头随时准备一块布巾，随时随地保持制作状态的干净是十分重要的。

如果制作中使用奶油馅、粉类等白色材料，那么最好使用白色布巾。如果制作巧克力类糕点，那么推荐使用茶色布巾。如此区分，擦拭后的脏布巾颜色也不会太明显，不会影响操作者的心情。

此外，在打发或者混拌时，为了防止盆滑动，也可以将拧干的布巾垫在盆的底部。这样操作不但能够起到防滑的作用，而且还非常省力。冬季时温度较低，湿布巾也会变冷，盆中的黄油一旦变冷就会变硬。此时，拧干浸泡过热水的布巾，垫放在盆底部就可以软化黄油，更方便操作。

5.边收拾工具和器具，边进行操作

操作的时候，为了避免混乱，建议边收拾整理使用过的工具，边进行操作。这样能够有效地提高效率。

以制作面糊为例，制作时需要在材料中加入砂糖，此时，装有鸡蛋的容器、装有食材的容器、装有粉类的容器和加入砂糖后的容器等，都会出现在操作台上，杂乱无章的空容器会给操作者带来视觉上的混乱，不利于接下来的操作。

在添加粉类后空置的容器中放入装有砂糖的容器，在装过鸡蛋的容器中放入装有食材的容器，将干燥的容器和湿黏的容器分开叠放，不仅可以使台面干净整洁，而且有利于接下来的操作。

打蛋器和橡皮刮刀在每次使用后，都要将污面朝下放入装有热水的容器中，仔细清理湿黏的部分，然后再进行下面的操作。只有这样，才能制作出理想的糕点。

6.与蛋白霜混合的砂糖

我制作糕点的时候，多使用上白糖。但是一提到加入蛋白霜的砂糖，一般多指细砂糖。虽然细砂糖容易添加，但是因为在砂糖溶化前就进行蛋白的打发，所以很难制作出稳定的蛋白霜。制作蛋白霜时，如果使用的是上白糖和细砂糖以1：1的比例混合的混合砂糖，那么会更容易添加、更容易溶化且不容易结块。所以，制作的时候，我推荐使用混合砂糖，更方便操作。

7.根据用途不同，将糖浆分成2种，区分使用

糖浆的主要用途是涂抹在烘烤完成的成品上，赋予蛋糕湿润的口感，防止蛋糕体干燥。我个人会将糖浆区分使用。在松软轻盈的

海绵蛋糕或将干燥的水果煮软时，使用低甜度的糖浆A；涂抹在使用大量奶油的蛋糕表面的时候，会使用糖浆B。

*糖浆A 水100mL 细砂糖50g

*糖浆B 水100mL 细砂糖100g

8.活用鲜奶油（甘纳许鲜奶油）打发的两个阶段

六分发的状态，是指用打蛋器舀起时，会呈现浓稠状、粘连在打蛋器上，但是也会滴落下来的状态。慕斯和巴巴露亚都是使用这种状态的打发鲜奶油制作而成的。

蛋糕卷中使用的打发鲜奶油，需要达到一定的硬度，才能使成品制作出漂亮的形状。也可以在打发至六分发后放入冰箱冷藏，在使用前再打成八分发。

9.活用隔水加热

烘烤蛋糕的时候，会特别注意黄油和鸡蛋的结合。但是，更重要的，其实是预热隔水加热的热水，以提升湿度。此外，还要避免因空调等冷风而导致材料变冷，使打发鲜奶油保持在松软的状态，接着加入蛋液。蛋液要以隔水加热的状态搅散。

10.黄油的准备

制作磅蛋糕等使用的打发黄油，是恢复至室温的黄油，以手持电动搅拌器或桌上搅拌器打发成蓬松柔软的状态，装入干净的容器中，放置在冷藏室保存备用。因为搅打时饱含了空气，因此无法长时间保存。但如果想要使用少量黄油时，可以提前放置于室温下，仅拿取需要的用量即可。

此外，实现准备好熔化的黄油或者切成小块状的黄油丁，也会方便使用。例如将约450g的黄油切成6等份的片状，然后再将其切成4等份的棒状。如此抽出1根就能有4等份的奶油丁，每一个奶油丁约5g。制作蛋糕卷或戚风蛋糕时使用的黄油用量，也可以由此简单计算出来。

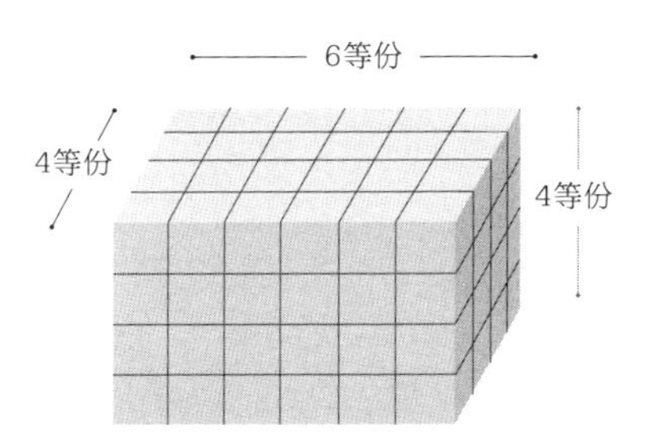

其他

制作方法问与答

49. 烘烤出湿润口感的蛋糕，电烤箱和燃气烤箱哪个更合适?

烘烤糕点的时候，烤箱下火的强度非常重要。但通常家用烤箱无法调整上下火。燃气烤箱的工作原理是通过产生的水蒸气，以热风对流来烘烤，因此热能流通较好；相对于电烤箱来说，燃气烤箱烘烤效果更好。如果条件允许，还是推荐购买燃气烤箱。

50. 使用微波炉和烤箱一体的旋风烤箱烘烤的时候，特别是制作蛋糕卷蛋糕体的时候，成品表面会呈现很漂亮的烘烤色。但是，不知是不是下火太弱的原因，底部总是不尽如人意，有什么办法可以改善这种情况吗？

烘烤制作蛋糕卷的蛋糕体时，将摆放蛋糕卷的烤盘叠放在烤箱自带的烤盘上，由下方散发的热度会受到阻碍而使火力不足。可以在烤箱中放置高4~5cm的金属网架后，再叠放蛋糕卷的烤盘进行烘烤。如此操作，自上方的热能可以流通至下方，借助热度使面糊向上浮起，能烘烤出更接近向内卷起的理想蛋糕体。这个方法也适用烘烤其他糕点。

51. 使用家用烤箱烘烤糕点时，内侧会容易烤焦，特别是烘烤制作蛋糕卷的时候，无法均匀地完成烘烤。如何才能做到均匀烘烤呢?

制作蛋糕卷的面糊，使用的是通过高温、短时间烘烤制成的舒芙蕾蛋糕体。因为每个烤箱性能不同，需要在掌握烤箱特性的基础上，进行温度调整。家用旋风烤箱是将热能集中在一处，所以容易发生烤焦的现象。烘烤数分钟后，待表面呈现烘烤色后，打开烤箱门，迅速地将其左右对调后再烘烤数分钟，以便使其表面均匀呈色。请多进行几次试验，以便掌握制作要领。

52. 为了随时制作糕点，可以在冷藏室长期存储打发黄油吗?

虽然黄油是可以长期保存的食材，但是打发后会带入空气中的细菌。如果想要在家中常备黄油，请以500g为标准进行冷藏保存。考虑到保鲜和使用量等因素，请尽可能地及早使用完。此外，也请注意要经常清洁保存的容器。

53. 如果要使镜面果胶软化，会将其放入锅中加热。但是这样会使镜面果胶形成薄膜，变得干燥，无法涂抹出漂亮的颜色。有什么更好的处理办法吗？

建议将镜面果胶放入马克杯中加热，将其放入马克杯约七分满处，加入1大匙水后充分搅拌均匀。可以直接将马克杯放入微波炉中加热2~3分钟。当镜面果胶受热后出现气泡，即可用刷子边搅拌，边涂抹在成品上，制成拥有漂亮颜色的甜点。

54. 因为我很喜欢柠檬磅蛋糕，所以会经常制作。制作的时候，我也喜欢浇淋在其表面的糖霜。除了使用柠檬汁和水混合以外，还可以使用其他材料吗？

糖霜的口感和甜甜的味道，经常会使人忘记了主体的蛋糕或者脆饼而被它深深吸引，使人感觉到魔法般的美味。我个人对糖霜的口感也十分着迷。在糖粉中混合洋酒或水，混合搅拌至呈现出光泽就能完成，不仅可用于大量使用黄油的蛋糕，还可以浇淋在海绵蛋糕上，味道十分美味。

除此之外，君度橙酒和水的组合，适用于柳橙蛋糕；朗姆酒和水的组合，适用于朗姆葡萄干蛋糕；苹果白兰地和水的组合，适用于苹果蛋糕……请运用各种不同的变化，享受自由发挥的乐趣吧。

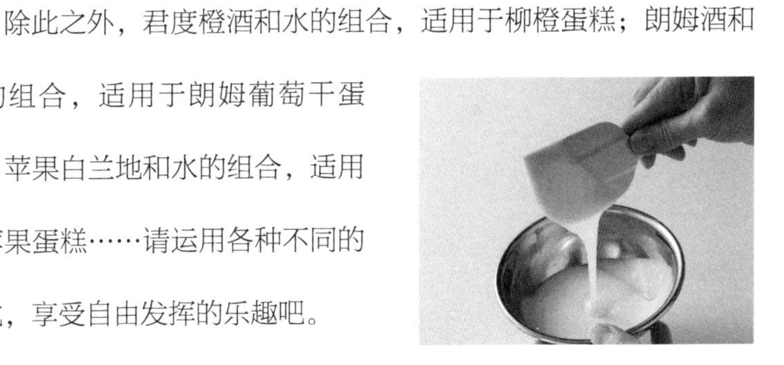

55. 酥粒的种类多样，可以和各种材料组合，都有哪些材料可以加入其中呢?

基本上，都是混合等量的杏仁粉、面粉、砂糖和黄油。酥粒烘烤后口感酥脆，可以为挞或派等增添口感的变化，提升食用糕点时的幸福感。增加面粉或者杏仁粉的用量，会对成品外形产生影响。增加黄油或者砂糖的用量，则烘烤完成后的成品味道会更加浓郁。

此外，改变砂糖的种类或者增加粉末状的咖啡、肉桂等，能享受不同的香气和风味的变化，大家可以试试看。

56. 制作沙布列（Sablée）时，烘烤完成后，中央经常出现膨胀的状态。此时，需要用叉子戳出孔洞吗? 如果想要做出没有孔洞的饼干，应该怎么办呢?

成品烘烤时，烤箱中的温度会使成品的黄油释放出来，堆积在面团的底部，通过烘焙用纸流出的黄油受热产生水蒸气时，会将面团拱起。所以，用叉子戳出孔洞的方法是行之有效的。如果在反面戳出孔洞，再翻回正面摆在烤盘上，就可以减少面团拱起情况的发生。

此外，还可以使用有网眼的耐热垫。这样，熔化的黄油就不会堆积在面团底部，可以通过网眼流出。这样烘烤出的成品，底部会比较平整。

57. 制作杯子蛋糕时，如果想将面糊填入模具中，汤匙、汤勺和裱花袋，到底使用哪一种工具更好呢？

如果是以打发黄油制作的磅蛋糕面糊，因为面糊的软硬度适中，放入裱花袋中，可以很方便地将面糊漂亮地填入杯中。

如果是以熔化黄油制作的卡特卡磅蛋糕面糊，因为面糊呈柔软的流动状态，因此更适合使用汤匙或者汤勺。

58. 烘焙坚果时，有什么需要注意的地方吗？烘焙后的坚果该如何保存？

烘烤前可以将坚果放入真空密封袋中，保存在阴凉处。烘烤后的坚果容易劣化，每次不宜制作太多的分量，适量即可。如果有剩余时，需要冷冻保存并尽可能地在短期内食用完毕。

如果需要准备很多坚果，推荐使用烤箱。如果量少时，推荐使用平底锅或者小烤箱。制作时需要控制火候，不要烧焦。

59. 同硅胶模具相比，金属模具质感更好，但是不容易清洗。金属模具和硅胶模具有什么区别吗？

烘烤糕点的时候，因为焦化，会产生特殊的味道。焦化就是水分几乎消失的状态下，呈现出来的烘烤色泽，同时也会散发出香气。

硅胶模具虽然清洗方便，但是具有阻断热量的作用。因此，想要制作出香气十足的糕点时，我还是建议使用金属模具。

制作一口可以食用的迷你饼干或者糖果时，因为这些成品利用表面的热度就能充分达到烘烤的效果，所以此时使用硅胶模具就非常方便了。

60. 制作糕点时，不知道为什么，每次操作都非常紧张，只有我这样吗?

当然不是，我想大家都是一样的。就像我们与不认识的人见面，或者与很久不见的朋友会面的时候，可能都会感到紧张。

从了解食材的特征开始，到熟记用科学的方式了解糕点制作的为什么，当明确理解自己接下来该如何进行时，自然能够缓解操作时的紧张感，也能真正地做到乐在其中。这样，大家才能制作出让品尝者感到幸福的糕点。

后记

这本书的内容是我对自己目前所学的全部知识的总结。请尝试先将书中的所有知识仔细阅读后，存储在左脑；将制作糕点时感受到的心情和各种各样美好的感受（颜色、香气、愉悦感等），记在右脑……

试着从今天开始，更加珍视自己的“任性的”想法吧。不要受到别人的干扰，不要觉得别人这么做，我就得这么做，试着按照自己的想法来实践吧。相信自己，吸收前人的经验，按照自己的意愿来规划未来。我个人觉得，没有什么比处处被动更无趣。即使再多的忍耐，也会不经意间流露出自己内心中最真切的想法。手作糕点是最诚实的，它可以反映出制作者的生活状态。当制作者心中充满喜悦的时候，烘焙出的糕点也会散发出幸福的味道，温暖每一个品尝它的人。

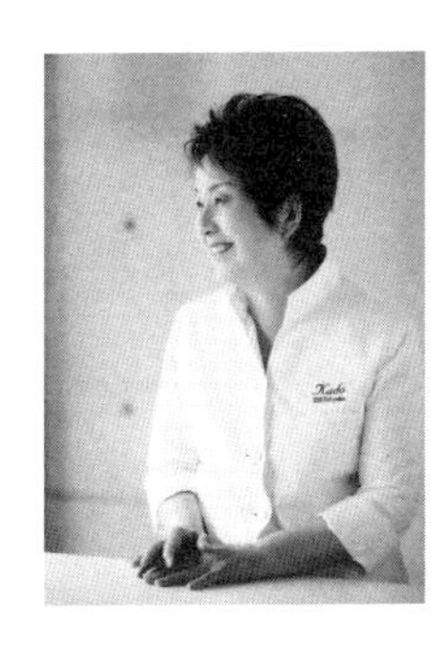

津田阳子 TSUDA YOKO
生于日本东京。1987年远赴法国进修糕点制作。目前在日本京都和东京开设、经营私房糕点教室。作为资深糕点制作师，常年活跃在与糕点制作相关的各个领域。她还在日本的文化沙龙进行糕点方面的演讲，从蛋糕卷的制作，延伸到戚风蛋糕、磅蛋糕、挞等各种糕点。因其制作方法独特、强调口感的变化，因而吸引了大批的粉丝，著有多部糕点类的作品，是日本人气糕点作家。

Original Japanese title: OKASHI NO KAGAKU
Copyright © 2019 Yoko Tsuda
Original Japanese edition published by
EDUCATIONAL FOUNDATION BUNKA GAKUEN BUNKA PUBLISHING BUREAU
Simplified Chinese translation rights arranged with
EDUCATIONAL FOUNDATION BUNKA GAKUEN BUNKA PUBLISHING BUREAU
throught The English Agency (Japan) Ltd. and Shanghai Ti-Asia Culture Co., Ltd.

著作权合同登记号：第06-2021-116号。

图书在版编目（CIP）数据

用科学方式了解糕点的为什么. 实践篇 / (日) 津田阳子著；王春梅译. — 沈阳：辽宁科学技术出版社，2021.12
ISBN 978-7-5591-2272-8

Ⅰ. ①用… Ⅱ. ①津… ②王… Ⅲ. ①糕点—制作—问题解答 Ⅳ. ① TS213.23-44

中国版本图书馆 CIP 数据核字 (2021) 第 197649 号

出版发行：辽宁科学技术出版社
（地址：沈阳市和平区十一纬路 25 号　邮编：110003）
印 刷 者：辽宁新华印务有限公司
经 销 者：各地新华书店
幅面尺寸：145mm × 210mm
印　　张：4.5
字　　数：150 千字
出版时间：2021 年 12 月第 1 版
印刷时间：2021 年 12 月第 1 次印刷
责任编辑：康　倩
封面设计：袁　舒
责任校对：闻　洋

书　　号：ISBN 978-7-5591-2272-8
定　　价：32.00 元

编辑电话：024—23284367
邮购热线：024—23284502

ISBN 978-7-5591-2272-8

9 787559 122728 >

定价:32.00元